地理空间矢量数据数字水印技术

张黎明　闫浩文　著

U0226505

科 学 出 版 社

北 京

内 容 简 介

地理空间数据是 GIS 应用的核心，其对国民经济、国防建设和人类生活起着重要的作用，已广泛应用于社会各行业、各部门，如城市规划、交通、银行、环保、通信航空航天等。数字水印是保护数字地图版权的一种有效方法，随着地理空间数据安全保护需求的日益增加，数字水印技术必将发挥着越来越重要的作用。本书系统论述了地理空间矢量数据数字水印技术的基本概念和基本原理，是笔者在这一领域的最新研究成果。其主要内容包括：地理空间矢量数据数字水印技术的研究进展、地理空间矢量数据数字水印技术的理论基础、地理空间矢量数据空间域数字水印技术、地理空间矢量数据变换域数字水印技术、多技术融合的地理空间矢量数据数字水印技术和抵抗投影攻击的地理空间矢量数据数字水印技术等。

本书可供测绘、地理信息、遥感、计算机信息处理和信息安全等方面的科技人员参考，亦可作为地图学与地理信息系统专业研究生的教学参考用书。

图书在版编目（CIP）数据

地理空间矢量数据数字水印技术/张黎明，闫浩文著. —北京：科学出版社，2017.11

ISBN 978-7-03-055140-5

Ⅰ. ①地… Ⅱ. ①张… ②闫… Ⅲ. ①地理信息系统–空间矢量–数据处理–水印–研究 Ⅳ. ①P208

中国版本图书馆 CIP 数据核字（2017）第 268770 号

责任编辑：刘浩旻　赵丹丹/责任校对：张小霞
责任印制：张　伟/封面设计：铭轩堂

科学出版社 出版
北京东黄城根北街 16 号
邮政编码：100717
http://www.sciencep.com

北京中石油彩色印刷有限责任公司 印刷
科学出版社发行　各地新华书店经销
*
2017 年 11 月第 一 版　开本：720×1000　B5
2019 年 3 月第三次印刷　印张：7 1/4
字数：140 000

定价：59.00 元
（如有印装质量问题，我社负责调换）

前　言

　　地理空间矢量数据是地理信息系统（geographic information system，GIS）应用的核心。随着地理空间矢量数据生产和传播的"数字化"和"网络化"，其安全问题日益凸显，侵权、泄密和非法传播与使用等行为屡屡发生。地理空间矢量数据以数字化的形式保存，在方便数据拷贝和传播的同时，也使盗版变得极其容易。仅仅依靠传统的安全保密措施，不能有效遏制诸如此类数据安全事故的发生，地理空间矢量数据的安全迫切需要可靠、有效的技术来保障。为解决数字内容的版权保护问题，数字水印技术应运而生。数字水印是保护数字地图版权的一种有效方法，随着地理空间矢量数据安全保护需求的日益增加，其在地埋空间矢量数据安全保护中起着越来越重要的作用。

　　本书深入分析了地理空间矢量数据数字水印技术的特征，以归一化方法、映射函数、离散傅里叶变换（discrete fourier transform，DFT）和数理统计等数学理论为工具，结合 GIS 理论及地理空间矢量数据的特征，研究了一系列地理空间矢量数据数字水印算法。

　　全书共 7 章。其中，第 1 章：绪论，主要介绍了地理空间矢量数据数字水印技术的研究背景、研究意义、国内外研究现状和不足，以及研究内容、技术路线和组织情况。第 2 章：地理空间矢量数据数字水印技术基础，介绍了数字水印基本概念、基本框架、数字水印的置乱技术；从地理空间矢量数据结构及特征、数字水印技术特征及数字水印攻击方式三个方面深入分析了地理空间矢量数据数字水印技术特征。第 3 章：地理空间矢量数据空间域盲数字水印技术，提出了两种不同的地理空间矢量数据空间域盲数字水印算法,运用数据处理中的最小-最大归一化方法，构建数字水印嵌入空间，在此基础上，提出了归一化的地理空间矢量数据盲数字水印算法；基于 QR 码编码技术，并改进了传统的最低有效位（least significant bit，LSB）算法，提出了二维码（quick response code，QR 码）编码的地理空间矢量数据数字水印算法，对两个算法的正确性和鲁棒性进行了试验验证及分析。第 4 章：地理空间矢量数据变换域盲数字水印技术，首先，对抵抗几何攻击的 DFT 变换域数字水印算法进行研究，分析了 DFT 变换域数字水印算法引起数据误差较大的原因，提出了可控误差的 DFT 变换域数字水印算法；其次，针对 DFT 变换域数字水印算法局部性较差的缺陷，提出了基于特征点的 DFT 变换域数字水印算法；最后，针对 DFT 变换域数字水印算法不能直接应用于矢量空间点数据的问题，提出了利用规则格网划分空间数据，建立虚拟线要素对象，再运用 DFT 变换域数字水印算法实施数字水印嵌入、提取。第 5 章：多技术融合的地理空间矢量数据数字水印技术，提出了一种空间域和 DFT 变换域相结合的多重数字水印算法：首先，在空间域中，运用量化索引调制（quantization index modulation，QIM）方法嵌入水印 1，其次，对所有要素对象，在 DFT 变换域嵌入水印 2，算法很好地解决了数字水印覆盖的问题，且保持了两种数字水印技术各自的优点。第 6 章：抵抗投影变换攻击的地理空间矢量数据盲数字水印技术，提出了一种解决投影变换攻击和坐标系变换攻击水印解决方案，在数字水印嵌入时，转换原始数据到 WGS84 地理坐标系，将数字水印嵌入 WGS84 坐标系空间数据。在数字水印提取时，只需把含数字水印数据转换到 WGS84 坐标系后，即可提取数字水印信息，该算法采用了鲁棒性高的 DFT 变换域数字水印算法。第 7 章：总结和展望，对本书研究工作进行总结，分析了未来需要进一步深入研究的相关问题。

　　　本书的研究工作受到国家重点研发计划（No. 2017YFB0504203）、国家自然基金项目（No. 41371435, No. 71563025, No. 41671447, No. 41761080）和兰州市人才创新创业科技计划项目（No. 2016-RC-59）等资助。

　　　本书由兰州交通大学测绘与地理信息学院张黎明博士、闫浩文教授共同组织撰写，闫浩文教授负责统稿及审定全稿。第 1 章及第 7 章由闫浩文教授撰写，第 2 章~第 6 章由张黎明博士撰写。在本书的编辑、整理、校对和出版的过程中，得到了兰州交通大学王中辉博士和刘涛博士等老师的热心支持，吕文清、马磊、张乾和冯驰等研究生对本书初稿进行了认真阅读并提出了宝贵的修改意见，在此表示衷心的感谢！

　　　由于笔者学识和水平有限，书中难免有疏漏之处，敬请读者批评指正。

张黎明　闫浩文
2017 年 5 月

目　　录

第1章 绪　　论

随着全球环境的日益恶化，环境保护成为当今人类社会共同关注的重大问题。由于环境问题和环境过程都与地理空间位置有关，环境保护离不开环境地理信息的采集和处理。据统计，85%以上的环境地理信息都与地理空间位置有关，具有明显的空间分布特征（黄菊，2012）。而地理信息系统（geographic information system，GIS）凭借强大的空间分析和统计功能，已经成为人们解决各种复杂环境问题和正确认知环境地理空间的重要工具（李旭祥等，2008）。

1.1　研究背景和意义

1.1.1　研究背景

环境科学涉及的多种信息处理技术（如环境监测技术和环境管理技术等）正在通过与 GIS 技术的相互集成，逐渐形成功能强大并具有明显环境特征的信息系统，即环境地理信息系统（geographic information system for environment，EGIS）。它是采集、存储、管理、分析和处理环境空间信息的计算机系统，是 GIS 技术与环境科学相互集成的、功能强大的并具有明显环境特征的信息系统。EGIS 近年来已发展成为辅助人们进行环境保护的综合性技术平台，在环境规划、环境管理、环境监测、生态保护、环境影响评价和环境污染事故应急处理等领域具有广阔的应用前景（刘勇、井文涌，1997）。图 1.1 是太湖流域水资源信息服务系统，在水资源信息化管理的基础上，结合 EGIS 强大的空间分析、空间查询和可视化表达及专题图制图等功能，为决策者提供技术手段，为社会相关部门及社会公众提供信息服务。

环境地理数据在 EGIS 中是不可缺少的重要基础数据。2014 年，测绘地理信息系统共提供各种比例尺地形图 28.96 万张，提供"4D"成果数据 153.50TB，累计面积为 42706.53 万 km²[①]。环境地理数据一般由测绘部门或环保部门生产和管理，数据的获取通常要借助于昂贵的专业设备和大量的人力、物力，其版权保护、

---

① 数据来源：2014 中国国土资源公报

数据安全和数据共享等越来越引起人们的重视。随着 EGIS 技术的成熟与广泛应用，环境地理数据发挥着越来越巨大的作用，具有重要的科研与应用价值。

图 1.1　太湖流域水资源信息服务系统

资料来源: http://www.wavenet.com.cn/ 2015 年 10 月

　　近年来，随着信息化、数字化和网络化的飞速发展，环境地理数据的获取、存储、传播、使用和复制等都变得非常方便快捷。人们在享受这一便捷的同时，极易造成环境地理数据的非法拷贝和复制。环境地理数据的安全面临严峻挑战，安全问题更加突出。目前，针对环境地理数据的分发管理大部分还停留在传统的针对纸质地图的管理层次上，仍然采用申请、登记、领取（购买）数据的方式进行，使得数据分发之后的去向难以控制，数据安全无法保证。因此，无法解决数据的泄密、非法流传、盗版、无偿使用和非法获利等问题，从而导致一系列的问题：首先，由于环境地理数据的保密性高、价值大，数据拥有者对数据往往采取严格的保护措施，不敢轻易分发或共享数据，造成环境地理数据的分发或共享受阻；其次，由于安全技术无法跟上实际需要，数据的传播受到限制，也就造成环境地理数据难以发挥作用，应用部门很难得到数据，正常工作受损，最终导致整个产业受损，影响 EGIS 的发展、应用和效益。

　　2008 年，北京长地万方科技有限公司控诉深圳市凯立德计算机系统技术有限公司导航电子地图产品侵权，法院最终判决认定，被告的《凯立德全国导航电子地图（335 城市）》与原告的《"道道通"导航电子地图》存在内容相同或近似，法院认定了原告列举的非常明显的 99 处侵权点，如虚设地址相同、长地版本号相同、特制信息相同、个别字误相同、表述不当相同、同类地点的多种表述相同、不规范简称相同、未简全称相同、信息取舍相同、被控作品存在有点无路的不合理情形、两者所犯错误相同和位置关系标注相同等情况。导航电子地图的信息是海量的，侵权点不仅此 99 处。由此可见，数字产品的侵权行为难以判断和认定，没有相应的技术和法律法规的支持，权利人很难对一些侵权行为进行证据保全，增加了诉讼的成本和难度。这类问题严重影响了地理信息系统、数字城市和电子政务等地理信息相关产业的健康发展。数字水印技术可以解决这一难题，在地图数据中嵌入数字水印信息，通过数字水印技术能够提取到隐藏的版权标识，实现版权保护。

因此，如何保证环境地理数据的安全、保护知识产权已成为急需解决的现实问题。不论是环境地理数据的完整性，还是所有者的合法权益，都需要有效技术来保护，化解数据共享、应用和安全之间的矛盾。

数据加密技术在数据安全领域内有着悠久的历史，其起源可以追溯到罗马时代，如古罗马的"恺撒密码技术"。但直到 1949 年，香农发表了题为《保密系统的通信理论》一文，使得加密技术的研究真正成为一门学科。传统的数字加密技术是将数据文件加密成密文，只允许持有密钥的人员使用原文数据，无法通过公共系统让更多的人获得其所需要的信息，严重妨碍了环境地理数据的共享使用。同时，解密后的数据可以被任意复制和传播，数据就会失控，数据版权得不到有效保护（朱长青，2009）。另外，盗版者通过购买正版数据产品，使用密钥解密后获得毫无保护的数据副本，然后非法发行数据副本，数据同样失控。因此，传统的数字加密技术在知识产权保护方面具有很大局限性。

在一定的情况下，数字签名技术可以发挥数据安全保护的功能（如数据源的验证、数据完整性的确认），但数字签名与原始数字产品的内容是完全独立的两个部分，因而比较容易被分离开来，这不会影响到原始数字产品的正常使用，同时也就无法对数据安全保护起到应有的作用。

由于密码学技术对数字化产品保护能力的局限性，数字水印技术应运而生，被称为"数字化数据保护的最后一道防线"（孙圣和等，2004）。数字水印技术是将数字水印信息（如版权信息和用户信息等）嵌入到数字载体中，使数字水印信息成为数据不可分离的一部分，并且不影响原始载体的使用价值，也不容易被人类的视觉感知察觉或注意到（可见水印除外）。

目前，数字水印技术的研究主要集中在图像、图形、视频和音频等领域。近年来，数字水印技术在地理空间矢量数据领域的研究越来越多，但环境地理空间矢量数据方面的研究成果还远不能满足实际应用的需求，存在许多急需解决的问题。例如，空间域数字水印算法如何抵抗几何变换攻击、变换域数字水印算法如何控制数字水印嵌入引起的误差和多技术融合的地理空间矢量数据数字水印算法的研究等，特别是抵抗投影攻击的数字水印技术鲜有研究（闵连权等，2009）。

1.1.2　研究意义

（1）环境地理空间数据版权保护的需要

环境地理空间数据，特别是矢量空间数据是 EGIS 应用的核心。在各种 EGIS 系统建设中，地理空间数据的建库大概要占到整个系统建设 70%的工作量，数据的采集、整理和后期加工需要耗费大量的人力财力（胡鹏，2002），版权保护尤为重要。地理空间数据以数字化方式储存，这些数据极易被复制，复制物与原件的内容品质相同并且复制成本低廉，因此，其被侵害的概率往往很高，这就需要从技术层面上识别出数据所有者和传播者。数字水印技术是近年来出现的数字产品版权保护技术，可以标识作者、所有者和使用者等，并携带有版权保护信息和认证信息，为环境地理空间数据的版权保护提供有力的技术支持。

（2）环境地理信息产业发展的必然要求

GIS 为各级环境管理部门提供了新的技术手段。目前，各种层次和规模的 EGIS 在环境保护工作中具有巨大优势和潜力。但是，非法拷贝和复制使得数据生产者（拥有者）不愿轻易公开或发布其产品，不愿共享，不敢共享，严重阻碍了 EGIS 产业的发展和具有重要价值的环境地理空间数据的广泛应用（崔翰川，2013）。因此，如何保护环境地理空间数据的安全与知识产权已成为急需解决的现实问题。解决这一问题，既需要完善的法规制度，也需要先进的技术手段来解决环境地理空间数据的版权保护问题，从而有效保护数据生产者（拥有者）和使用者的合法权益，促进环境地理空间数据的共享与交易，从而保障 EGIS 等环境地理信息产业的安全和健康发展（朱长青，2014）。

（3）环境地理信息系统科学理论体系的重要内容

环境地理信息系统是一种空间信息系统，具有信息学科的一般特征（李旭祥等，2008）。地理信息安全在信息学科中具有重要的地位和作用，环境地理空间数据安全也具有同样重要的研究意义。尽管各国已经制定了相关的保密政策与法规，并在环境地理信息系统建设中采取了一些安全措施，但目前环境地理空间数据安全现状堪忧，还缺乏完善的理论基础和技术支持，急需开展地理信息安全的基础理论和技术方法的研究。

因此，本书就数字水印技术在地理空间矢量数据版权保护方面深入研究，根据环境地理空间矢量数据自身的特性，研究适用于 EGIS 的地理空间矢量数据版权保护的鲁棒水印算法，目的在于一方面提出能够抵抗多种数字水印攻击、鲁棒性高的盲水印算法；另一方面，对抗投影攻击的地理空间矢量数据数字水印技术进行探索。

1.2 研 究 现 状

1.2.1 数字水印技术的研究现状

关于数字水印技术研究的论述首见于 Tirkel 等（1993）发表的一篇文章 *Electronic Watermark*，以及随后发表的另一篇文章 *A Digital Watermark*（Schyndel et al. ,1994）。数字水印技术自提出以后，由于其在数字产品版权保护、内容认证和使用跟踪等方面具有独特的作用而逐渐成为研究热点，许多学者和研究机构对数字水印技术进行了深入的研究，其中包括麻省理工学院、剑桥大学和南加利福尼亚大学等大学，以及微软亚洲研究院、IBM、SONY、PHILIPS 和 NEC 等大公司。国内许多大学和研究所紧跟国际研究步伐，对数字水印技术进行深入研究，包括如中国科学院、北京邮电大学、西安电子科技大学、南京师范大学、浙江大学和中国人民解放军国防科技大学等（王奇胜，2012）。二十多年来，经过国内外学者广泛、深入的研究，数字水印技术研究在水印理论和方法上取得了很多研究成果。

除了理论研究，数字水印软件产品也不断涌现。美国的 Digimarc 公司是一个专门从事数字水印技术研究的公司，于 1996 年推出第一个数字水印商业软件，以插件的形式将该软件集成到 Adobe 公司的著名的 Photoshop 和 Corel Draw 图像处理软件中（孙鸿睿，2013）。为满足对数字水印系统评估的要求，英国剑桥大学的 Fabien Petitcolas 等设计了一个名为 Stirmark 的通用的水印基准测试软件，建立了一套针对不同数字水印算法性能评估和比较的模型，该软件已经成为数字水印领域使用最为广泛的水印评测工具，Stirmark 可从多方面通过模拟多种数据水印攻击手段来测试数据水印的鲁棒性。除此之外，目前公开报道的数字水印软件还有 Digimarc 公司的系列产品 PictureMarc、ReadMarc、BatchMarc、Marc Center、Marc Spider，英国 Signum 公司的 SureSign 系列产品，Alpha 公司的 EIKONAmark 和 MediaSec 公司的 SysCop 系列产品等（杨成松，2011）。

总体来说，目前数字水印技术的研究大部分集中于以图像、音频、视频数据为载体的数字水印技术上，理论研究和技术应用上取得了较大进步，而在地理空间数据特别是地理空间矢量数据方面的研究相对较少。随着数字水印技术被引入到地理空间数据安全及版权保护中，地理空间数据数字水印作为数字水印技术在专业领域的一种应用将逐渐成为数字水印技术研究热点之一。

1.2.2 地理空间矢量数据数字水印算法的研究现状

使用"watermark vector GIS"作为关键字，通过查询工程索引数据库，从1969~2015 年，共有 44 篇相关文献。从文献数量看，2000 年出现了该领域的第一篇文章，之后 5 年中，每年 2~3 篇，2007 年出现了 5 篇，表明这方面的研究逐渐增多。2009 年和 2010 年论文数量分别是 7 篇和 8 篇，表明这是一个新兴的学术领域，也是一个专业化程度非常高的研究方向。从论文数量看，大陆 17 篇和台湾地区 2 篇，韩国 6 篇，这表明中国在该学术领域具有绝对的领先地位，中文文献具有世界领先水平的参考价值。

地理空间矢量数据数字水印技术自提出以来，引起了国内外学者的广泛重视。许多科研机构和大学学者进行了相关研究。例如，国外研究机构和大学主要有 Yamanashi University 和 Hokkaido University（日本）、Aristotle University of Thessaloniki（希腊）、Myongji University（韩国）、Northern Illinois University、University of California（美国）、University of Zagreb（克罗地亚）、Technical University Darmstadt（德国）、University of Delhi 和 Indian Institute of Science（印度）及 The Digital Map Ltd.（乌拉圭）等（杨成松，2011）；国内研究机构和大学主要有南京师范大学、西安电子科技大学、中国人民解放军信息工程大学、哈尔滨工程大学、武汉大学、中南大学、北京邮电大学和兰州交通大学等。

一般来说，根据数字水印的嵌入位置，地理空间矢量数据数字水印算法可以分为空间域数字水印算法和变换域数字水印算法。本书从空间域数字水印算法和变换域数字水印算法两方面对地理空间矢量数据数字水印算法的研究现状进行综述。

（1）空间域数字水印算法

空间域数字水印算法是将数字水印信息直接嵌入矢量数据各顶点坐标上。典型算法如 LSB 算法，即数字水印嵌入空间数据的最低有效位部分。贾培宏等（2004）提出采用 LSB 与地理空间矢量数据拓扑相结合的算法，并对数字水印信息加密，该算法在一定程度上提高了空间域数字水印对剪切等攻击的抵抗能力。Schulz 和 Voigt（2004）提出把地图数据分割成一定宽度的水平带或垂直带，根据数字水印信息调整各个带中数据点的坐标值，算法可以抵抗数据简化、裁剪和小幅度的随机噪声攻击。王超等（2007）将矢量地图按多边形特征进行分解，选择合适的多边形线段，将水印嵌入到顶点坐标中，算法对图形的几何变换、增删操作具有较好的鲁棒性。闵连权（2008）则根据矢量地图数据的数据量设计了两种数据映射规则，把数字水印信息嵌入在基于数据映射规则的数据分类上，具有很好的不可感知性和鲁棒性。

多位学者研究了应用道格拉斯–普克（Douglas-Peucker，D-P）算法选取地理空间矢量数据特征点，并将数字水印嵌入这些特征点。朱长青等（2006）首次提出利用 D-P 算法来实现抗矢量地理数据压缩的数字水印算法，即非盲水印算法。张佐理（2010）对 D-P 算法进行改进，采用改进的 D-P 算法对冗余顶点进行压缩，利用压缩后的顶点数据嵌入数字水印，具有较好的抗数据压缩效果，但数字水印嵌入时使用简单的分块重复嵌入，难以抵抗其他类型的攻击。李强等（2011a）对地理空间矢量数据采用 D-P 算法压缩，根据数据的奇偶性特征嵌入数字水印信息，在取得较好的抗压缩效果的同时，也实现了数字水印信息的盲检测。陈晓光和李岩（2011）应用经过 D-P 算法压缩后的数据，根据特征点的位置信息及容差值确定嵌入策略，实现了数字水印信息的盲检测，同时对其他类型的攻击具有一定的鲁棒性。Yan 等（2011）根据地理空间矢量数据特点，分别选取点、线、面矢量图层，针对每一图层分别选取特征点，对点图层数据，采用 Voronoi 图方法选取特征点，对线、面数据采用 D-P 算法选取特征点，然后应用 LSB 算法，将数字水印嵌入特征点数据。

Sakamoto 等（2000）通过对空间坐标数据进行分块，使扩频后的数字水印信息重复地嵌入到数据块中，是一种最早提出的基于分块的地理空间矢量数据数字水印算法。Kang 等（2001）对 Sakamoto 等（2000）的算法进行了改进，采用了任意大小的方形掩膜对数据进行分块，调整数据点坐标嵌入数字水印信息。李媛媛和许录平（2004）提出了一种用于地理空间矢量数据版权保护的数字水印算法，基本思想是首先，对地理空间矢量数据进行均匀分块；其次，根据每一块中的数据点密度来控制数字水印强度；最后，通过修改横坐标来嵌入数字水印信息。该算法的不足之处是根据数据点的密度来调节数字水印嵌入强度的思想值得商榷；数字水印提取时需要计算数字水印嵌入强度，但数据受到攻击特别是增、删后，如何保证数字水印嵌入和检测时强度计算的一致性有待考虑；数字水印提取需要原始数据和数字水印信息，实用性不强。

MQUAD（modified quadiree，MQUAD）方法是一种经典的地理空间矢量数据数字水印算法。Ohbuchi 等（2002）首次提出了 MQUAD 水印算法，算法应用四叉树划分矢量地图，把矢量地图划分为矩形子块，并在不同矩形子块中重复嵌入数字水印信息，提高了数字水印算法的鲁棒性。王勋等（2004）依据地理要素的不同，充分运用数据点之间的相关性，通过改进 MQUAD 数字水印算法，提出了一种双重矢量地图数据数字水印算法。钟尚平（2005）以 MQUAD 水印算法为基础，结合离散傅里叶变换（discrete fourier transform，DFT）数字水印算法，将数字水印同时嵌入 DFT 变换域的幅度和相位系数，算法对几何变换攻击具有较好的鲁棒性。马桃林等（2006）通过点坐标的漂移方法，对 MQUAD 数字水印算法进行了相应的改进，先将地图根据顶点密度划分成矩形网格，再通过移动矩形网格中的顶点来嵌入数字水印信息。这种分层结构同时决定了嵌入数字水印信息的顺序。通过移动矩形网格中的多重顶点及多次嵌入信息，可以使数字水印具有抗攻击的能力。王超等（2009）改进 MQUAD 数据分块方法，在不同分块中，结合密钥修改某些点的 x 坐标或者 y 坐标，从而嵌入数字水印信息，实现了数字水印的盲检测。虽然 MQUAD 数字水印算法克服了大多数数字水印算法依赖数据点顺序的问题，但很难保证在数据遭受攻击前后 MQUAD 划分结果的一致性，可能会导致数字水印检测失败。

Park 等（2002）提出在复杂线面要素上插入冗余点的数字水印算法，这样既保证了原有数据的精度，又可以通过增加冗余数据达到嵌入数字水印的目的。张鸿生等（2009）将一幅矢量图形视为曲线的集合，按设定阈值进行曲线分割，在容差范围内，使每条曲线对应一个数字水印位，且对曲线中每个结点嵌入一个含有用户证书信息的数字水印点。阚映红等（2010）通过冗余点在其相邻两个数据节点间的移动来嵌入数字水印信息，从而保证数字水印信息的嵌入不会引起地理空间矢量数据中线状和面状数据的几何变形。朱俊丰等（2011）提出一种融合的数字水印算法，进行两次数字水印嵌入，分别是改变数据点的值和在冗余数据点中嵌入数字水印。这几种算法虽然有一定的鲁棒性，但是增加数据点改变了原始数据的大小，对数据的使用会造成影响。

基于差值扩张和差值平移是实现地理空间矢量数据可逆数字水印算法的一种重要方法。Voigt 等（2004）通过调整离散余弦变换（discrete cosine transform，DCT）系数中的高频系数调制数字水印信息，通过补偿水印嵌入引起误差超过阈值的 DCT 系数，减小图形的变形。而在数字水印提取时，完全可以恢复原来的载体数据，该算法特点是数字水印容量大，但原始信息的恢复相对比较复杂。邵承永等（2007）利用地图相邻顶点坐标的相关性，通过修改地图中相邻顶点坐标间的差值来嵌入数字水印信息。数字水印的提取过程不仅能够得到隐藏信息，而且能够准确无误地恢复原始地图数据。该算法的不足之处是地图顶点的扰动方向没有考虑原始地图的形状特征，因此，在充分放大地图后，这些扰动使地图具有不自然的外形特征。Wang 等（2007）提出了两种解决方案：第一种方案是通过修改相邻坐标之间的差值来隐藏水印信息；第二种方案是计算相邻顶点之间的曼哈顿距离，以其作为数字水印的载体数据，通过调整相邻顶点距离差值对其进行改变，第二种方案在水印容量和不可见性方面要优于第一种方案。武丹和汪国昭（2009）在邵承永算法的基础上对坐标点对进行了改进，引入了差值扩张和差值平移技术，不需要存储定位图，与传统算法相比，具有更高的嵌入率，可扩展的差值是传统算法的两倍左右，但由于除了第一个和最后一个顶点外，其他顶点在数字水印嵌入阶段均被改变了两次，这有可能使部分顶点的误差超限。孙鸿睿等（2012）对传统的差值扩张数字水印算法进行了改进，无须计算顶点之间的均值，只需将第一个顶点的坐标与水印负载一起嵌入，除第一个顶点坐标不改变外，其他顶点坐标只需改变一次。该算法具有更大的嵌入容量，数据误差更可控，保密性更好。Neyman 等（2013）提出了基于差值扩张和曼哈顿距离的可逆数字水印算法，该算法定义了一组可逆整数映射函数，用来计算坐标之间的曼哈顿距离，通过调整相邻顶点距离差值嵌入水印信息。该算法具有较好的不可见性和防篡改能力，并可准确地恢复地图原始数据。

使用聚类的方法对地理空间矢量数据进行分类，从而得到数字水印可嵌入数据的集合，进行数字水印嵌入。焦艳华等（2009）根据矢量地图的数据结构，将标记数字水印策略和聚类方法结合起来，研究并设计了一种基于 K-Means 的地理空间矢量数据数字水印算法。由于聚类操作中依据的是各特征点的相对距离，当攻击者对矢量图形进行旋转与扭曲攻击时，数字水印信息遭到的破坏比较严重。孙建国等（2010）根据矢量地图所含结点、线路和区域三种图层的拓扑特点，定义不同的度量规则并引入模糊聚类分析方法，选择数字水印嵌入的数据集合，然后选用比特位复合的方式，将数字水印信息嵌入地图属性文件描述目标对象的坐标块中，数字水印嵌入的同时还需要保留一些辅助信息，因此，该算法也有一些局限性。曾端阳等（2013）对矢量地图线图层进行聚类运算，并在此基础上提出了一种非盲数字水印算法，对平移、数据更新和裁剪等攻击都具有良好的鲁棒性。

闵连权（2008）和杨成松等（2010，2011）利用坐标映射的思想进行数据分类实现数字水印嵌入，这种分类方法使嵌入的数字水印信息更加离散、均匀地分布于整个数据中，能够有效地抵抗数据压缩、增点、删点、编辑和裁剪等攻击。杨成松（2011）利用地理空间矢量数据线段比值在几何变换中的不变性实现了一种抗几何攻击的空间域数字水印算法，并且能够抵抗一定程度的复合攻击，但可嵌入的数字水印信息量较少。

Gou 等（2005）通过 B 样条曲线来拟合矢量地图中的线状要素的控制点，然后把数字水印信息嵌入到控制点中，提出了一种抵抗打印扫描攻击的矢量数据数字水印算法。但该算法需要保留原始提取的控制点信息，同时，对如何保证数字水印嵌入和提取时控制点拟合的一致性也没有具体阐述。吴柏燕（2010）将数字水印信息嵌入到数据的拓扑关系中，对多种攻击具有较好的鲁棒性。李强等（2011）提出通过数字水印嵌入时生成附加信息的方式进行数字水印多重嵌入的方案，对多种攻击具有较好的鲁棒性。李安波等（2012）提出了首先基于空间关系及位置对数据排序，然后把数字水印信息嵌入在预处理后数据中的数字水印算法，该算法对数据的乱序攻击具有较强的鲁棒性。孙建国（2012）采用网格密度空间聚类方法选取特征结点，并通过对特征结点的二维坐标进行微调，将数字水印嵌入到地图属性文件中。张佐理等（2013）将灰度图像作为数字水印嵌入到矢量地图的特征点中，利用点模式匹配的方法检测数字水印，对多种攻击具有较好的鲁棒性。王奇胜等（2013）利用脆弱数字水印技术，提出了基于数据点定位的数字水印算法，提高了数字水印检测的可靠性。张弛等（2013）把数据分为特征点和非特征点，将水印嵌入非特征点上。如果对数据进行压缩处理，首先被压缩掉的就是非特征点，非特征点的失去意味着数字水印信息的丢失，因此，该算法对数据压缩攻击的鲁棒性不高。吴柏燕等（2014）利用 QIM 方法，基于变长的量化步长，将水印信息隐藏于有效表征曲线形状的特征集合中，该算法在抵抗节点攻击、数据化简及地物删除等方面鲁棒性好。

（2）变换域数字水印算法

空间域数字水印算法鲁棒性差，尤其对滤波、噪声攻击和几何变换攻击。因此，学者对地理空间矢量数据变换域数字水印算法进行研究。变换域数字水印算法就是首先对地理空间矢量数据进行数学变换，然后通过修改载体数据变换域系数来嵌入数字水印信息。

基于离散小波变换（discrete wavelet transform，DWT）的地理空间矢量数据数字水印算法方面的研究：Kitamura 等（2000）对地理空间矢量数据进行网格划分，按照图像中小波数字水印算法对地理空间矢量数据嵌入数字水印，首次提出了一种基于小波变换的地理空间矢量数据数字水印算法。李媛媛和许录平（2004a，2004b）提出了一种基于 DWT 的地理空间矢量数据数字水印算法：首先，提取文件中的地理坐标并对其排序和拓展；其次，对得到的坐标串进行 3 次小波变换，根据伪随机排序后数字水印信息和小波系数的邻域平均值之间的关系来嵌入数字水印。张琴等（2005）提出了一种基于复数小波的图形数据数字水印算法，将数字水印嵌入相对坐标线的复数小波域中，因复数小波变换具有的平移、旋转、缩放不变性，该算法具有较好的抗几何变换攻击的能力。杨成松和朱长青（2007）提出了一种基于小波变换的地理空间矢量数据数字水印算法，该算法对线、面坐标串分别进行离散小波分解，把数字水印信息分段嵌入到相应的小波分解后得到的低频系数中，该算法在抗地理空间矢量数据处理中常见的噪声攻击和坐标数据轻微的移动攻击等方面具有较好的效果。

Voigt 等（2004）首次提出了基于 DCT 的地理空间矢量数据数字水印算法。该算法首先提取地理空间矢量数据的特征点，然后对特征点组成的坐标串进行离散余弦变换，最后把数字水印信息嵌入到变换后的系数 AC 分量的最后一位。这是一种盲水印算法，但 8 个坐标点只能嵌入一位数字水印信息，数字水印容量有限。闵连权和喻其宏（2007）设计了一种基于 DCT 的数字地图水印算法。该算法首先提取地图数据的特征点，组成特征图像，然后对特征图像作离散余弦变换，把数字水印信息嵌入在中低频系数上。该算法高效、安全，水印提取时需要原始数据的参与，属于非盲数字水印算法。

Solachidis 等（2000）通过对地理空间矢量数据中线状要素进行 DFT 变换，数字水印信息嵌入 DFT 变化后的幅度系数中，数字水印信息的检测通过计算原始数字水印信息和含数字水印数据 DFT 变换幅度值的相关系数来完成。Kitamura 等（2001）提出改进的 DFT 变换域数字水印算法，该算法减小了数字水印嵌入引起的变形，数字水印容量更大，能够抵抗噪声、增加或删除顶点及剪切等攻击，数字水印提取时需要原始数据，属于非盲数字水印算法。许德合等（2008）也对 DFT 变换域数字水印算法从幅度、相位、综合（幅度和相位同时嵌入水印）三种数字水印嵌入方案进行了比较研究，得出综合数字水印算法能够抵抗更多种类的攻击，尤其对数据平移、旋转、缩小和放大等几何攻击具有较好的稳健性。赵林（2009）提出了一种自适应地理空间矢量数据数字水印算法，在能抵抗几何攻击的同时还能抵抗轻微裁剪攻击，但该算法属于非盲数字水印算法。王奇胜等（2011）研究了基于 DFT 相位的地理空间矢量数据数字水印算法，引入自相关检测来辅助判定数字水印的存在。该算法在抵抗地理空间矢量数据处理中常见的删点、数据格式转换、平移和旋转等攻击方面具有较好的效果，不足之处是需要记录数字水印嵌入的位置。

周旭和毕笃彦（2004）提出了一种基于中国剩余定理的数字水印算法，该算法对数据的剪裁攻击有很好的抵抗能力，并可以依靠部分数据恢复数字水印。范铁生等（2007）利用 B-spline 方法，根据地理空间矢量数据生成 B-spline 控制点集，并将其作为水印嵌入的载体。利用 B-spline 控制点的特性，算法能够抵抗平移、旋转和缩放等攻击，但控制点的生成必然依赖于地理空间矢量数据的形状，因此，数据删除、裁剪和增加点等攻击对数据改变较大，也必然会影响 B-spline控制点集的生成，从而影响水印的检测。

除了对地理空间矢量数据数字水印算法进行研究之外，许多学者还对地理空间矢量数据数字水印技术的其他方面进行了研究。Niu 等（2006）、许德合等（2007）、闵连权等（2009）和孙建国等（2009）都对地理空间矢量数据数字水印算法的研究现状进行了综述和分析，指出了目前研究中存在的问题，以及未来的研究方向。郭思远（2008）对地理空间矢量数据空间域数字水印算法的攻击方式进行了总结和分析。部分学者对地理空间矢量数据水印软件系统的设计和应用进行了研究（张海涛等，2004；胡云等，2004；朱长青等，2010；崔翰川等，2012），这些研究为地理空间矢量数据水印技术的应用和推广发挥了很大的作用。

1.3　研究存在的问题

从目前对地理空间矢量数据数字水印技术的研究现状来看，地理空间矢量数据数字水印技术已引起学者的高度重视，也取得了一些成果。但是从整体情况来看，地理空间矢量数据数字水印技术的理论和方法研究远不成熟，主要存在以下几个方面的问题：

（1）空间域数字水印算法一般难以抵抗几何变换的攻击

平移和缩放等几何变换是地理空间矢量数据中最基本的操作（闵连权等，2009），是数字水印算法设计中必须要考虑的攻击方式之一。考虑地理空间矢量数据的存储方式、独有特征、数字水印攻击方式和使用场景等，空间域数字水印算法比较适合地理空间矢量数据水印的嵌入。但是，大多数空间域数字水印算法难以抵抗几何变换的攻击，决定了其在几何变换攻击方面鲁棒性较差，实用性不高。

（2）传统的 DFT 变换域数字水印算法误差较大

DFT 变换域数字水印算法因其在抵抗几何变换攻击方面的优势（王奇胜，2008），成为地理空间矢量数据变换域数字水印算法研究中的热点。保持数据精度是数字水印算法中最基本的要求，数字水印嵌入引起的数据误差太大可能会引起数据拓扑结构错误、数据可视化效果差和数据可用性降低等问题。传统的 DFT 变换域数字水印算法中，数字水印直接嵌入变换域系数中，导致地理空间矢量数据误差较大，失去了其使用价值。

（3）数字水印算法的鲁棒性还不能满足实际应用的要求

当前存在很多针对地理空间矢量数据的鲁棒性数字水印算法。例如，空间域数字水印算法能抵抗数据增删攻击但不能抵抗几何变换攻击，变换域数字水印算法能抵抗某几种几何变换攻击但很难抵抗地理数据增删攻击；或者算法虽然能够抵抗地理空间矢量数据应用中的部分攻击，但是对其他一些同样重要的攻击鲁棒性不足，大多数数字水印算法仅考虑了部分类型数字水印攻击，这意味着某些组合攻击可能会导致数字水印失效，无法提供版权证明。虽然没有完全的鲁棒性数字水印算法，但是如何利用不同数字水印算法各自抵抗攻击的能力，设计出实用且能够抵抗复合攻击的盲数字水印算法是一个亟待解决的问题。

（4）抵抗投影攻击的数字水印算法研究还很薄弱

已有的鲁棒数字水印算法解决了地理空间矢量数据版权保护应用中的很多问题，现有的研究侧重于顶点攻击、压缩攻击、噪声攻击和几何攻击等方面的鲁棒性，对抵抗投影变换、坐标变换攻击方面的算法研究较少，而这类攻击是矢量地图数据水印系统的一个独有特点（闵连权等，2009）。尽管已有学者已经意识到抵抗投影变换、坐标系变换对数字水印鲁棒性的重要性，但对抵抗投影变换、坐标变换攻击的数字水印算法鲜有研究（闵连权等，2009）。

1.4 本书的研究内容及创新、技术路线与组织结构

1.4.1 研究内容及创新

本书针对地理空间矢量数据数字水印算法研究中存在的问题，深入分析地理空间矢量数据特征及其数字水印原理与技术特点，对地理空间矢量数据空间域和变换域数字水印算法进行了深入研究，提出了能够抵抗几何变换攻击的地理空间矢量数据空间域数字水印算法，解决了地理空间矢量数据变换域数字水印算法中鲁棒性与数据精度之间的关键技术问题，并对多技术融合地理空间矢量数据数字水印算法进行了研究，针对地理空间矢量数据版权保护的需要，设计了鲁棒性高、实用性强、实际操作中易于实施的数字水印算法，结合提出的数字水印算法，对

地理空间矢量数据版权保护提出了基于数字水印的解决方案。

本书研究的主要内容及创新包括以下五个方面。

（1）地理空间矢量数据数字水印特征及攻击研究

以数字水印技术基本理论为基础，在总结和分析现有研究成果的基础上，分析空间域和变换域地理空间矢量数据数字水印技术的特征，结合地理空间矢量数据的本质特征、数据结构、存储方法和数据传播等特点，研究在数字水印嵌入、数字水印检测和版权认证等方面，地理空间矢量数据数字水印的基本特征。以鲁棒性为技术指标，分析地理空间矢量数据数字水印算法攻击类型、数字水印算法可能受到的恶意攻击及正常使用中可能破坏数字水印的操作，研究地理空间矢量数据数字水印算法攻击模型。

（2）抵抗几何变换攻击的空间域地理空间矢量数据数字水印算法研究

应用数学方法，研究能够抵抗几何变换攻击的空间域数字水印算法，以增强空间域数字水印算法的鲁棒性。空间域数字水印算法具有算法简单和误差容易控制等特点，特别是对地理空间矢量数据数字水印中的顶点攻击具有较好的鲁棒性。但是，空间域数字水印算法往往难以抵抗平移和缩放等几何变换攻击，算法的实用性大大降低。近年来，部分学者提出应用数学中的常函数或地理空间矢量数据几何变换中具有不变性的变量或者应用空间域数字水印算法嵌入数字水印，这为抵抗几何变换攻击的空间域数字水印算法研究开辟了新的研究思路。

（3）DFT 变换域地理空间矢量数据数字水印算法中误差控制研究

变换域数字水印算法鲁棒性较高，而 DFT 变换域数字水印算法具有抵抗几何变换攻击的优势，但传统的 DFT 变换域数字水印算法中，数字水印直接嵌入变换后的系数，导致地理空间矢量数据误差较大。针对这一问题，本书从地理空间矢量数据数字水印嵌入方法入手，以满足地理空间矢量数据精度要求为首要条件，研究解决变换域数字水印算法中，鲁棒性与数字水印嵌入强度之间的矛盾，设计实用、高效的鲁棒性数字水印算法。

（4）多技术融合的地理空间矢量数据数字水印算法研究

单一数字水印技术的地理空间矢量数据数字水印算法，往往只能抵抗部分类型的数字水印攻击，在某些情况下，多类型的组合攻击可能会导致数字水印提取失败。在地理空间矢量数据中应用两种或两种以上数字水印技术，嵌入两个以上相同或不同的数字水印，可以抵抗多种类型的数字水印攻击，提高鲁棒性。以典型的地理空间矢量数据数字水印算法为基础，结合地理空间矢量数据数字水印攻击特征，分析现有数字水印算法的优势和不足，构建多技术融合的地理空间矢量数据数字水印算法，并对算法进行实验验证和分析。

（5）抵抗投影攻击的地理空间矢量数据数字水印算法研究

投影变换、坐标系变换是地理空间矢量数据使用中最基本的操作，能够抵抗此类攻击的数字水印算法鲜有研究。以地图学基本理论、投影变换原理与方法为基础，对投影变换、坐标系变换如何影响地理空间矢量数据数字水印进行深入分析，设计能够抵抗投影变换、坐标系变换攻击的数字水印算法。

1.4.2 技术路线

地理空间矢量数据数字水印技术的研究技术路线如图 1.2 所示。

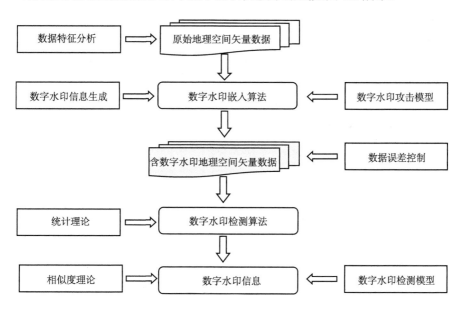

图 1.2 地理空间矢量数据数字水印技术研究的技术路线图

研究的具体技术路线如下。

以 GIS 理论、数字水印理论为基础，分析地理空间矢量数据的特征，研究地理空间矢量数据数字水印技术特点，对地理空间矢量数据数字水印攻击方式进行深入研究，为地理空间矢量数据数字水印算法的研究奠定基础。

运用信息技术、密码学理论、混沌加密技术和信息编码技术等对待嵌入的数字水印信息进行编码、加密和置乱等处理，以增强数字水印的安全。

基于地理空间矢量数据的特征，运用集合理论、统计理论和映射函数等数学基础建立数字水印与载体数据之间的对应关系；分析地理空间矢量数据的特点，应用数学理论建立地理空间矢量数据之不变量作为数字水印的嵌入空间，或运用DWT、DFT 和 DCT 等数学变换，建立数字水印的嵌入空间；运用加性、乘性、映射和量化等方法嵌入数字水印。

在满足用户对数据精度要求的前提下，分析数字水印嵌入对地理空间矢量数据可用性的影响，重点分析数字水印嵌入引起的数据误差大小和数据拓扑一致性等，建立数据误差控制模型，保证地理空间矢量数据的可用性。

在数字水印嵌入算法的基础上，运用统计理论和相似度理论等，建立数字水印检测模型，并对提出的模型和算法进行试验验证。

1.4.3　组织结构

本书分为 7 章，各章内容安排如下。

第 1 章：绪论。主要介绍了地理空间矢量数据数字水印技术的研究背景、研究意义、国内外研究现状和不足，以及研究内容、技术路线和组织情况。

第 2 章：地理空间矢量数据数字水印技术基础。介绍了数字水印基本概念、基本框架、数字水印的置乱技术；从地理空间矢量数据结构及特征、数字水印技术特征及数字水印攻击方式三个方面深入分析了地理空间矢量数据数字水印技术特征。

第 3 章：地理空间矢量数据空间域盲数字水印技术。提出了两种不同的地理空间矢量数据空间域盲数字水印算法。运用数据处理中的最小-最大归一化方法，构建数字水印嵌入空间，在此基础上，提出了归一化的地理空间矢量数据盲数字水印算法；基于 QR 码编码技术，并改进了传统的 LSB 算法，提出了 QR 码编码的地理空间矢量数据数字水印算法，对两个算法的正确性和鲁棒性进行了试验验证及分析。

第 4 章：地理空间矢量数据变换域盲数字水印技术。首先，对抵抗几何攻击的 DFT 变换域数字水印算法进行研究，分析了 DFT 变换域数字水印算法引起数据误差较大的原因，提出了可控误差的 DFT 变换域数字水印算法；其次，针对 DFT 变换域数字水印算法局部性较差的缺陷，提出了基于特征点的 DFT 变换域数字水印算法；最后，针对 DFT 变换域数字水印算法不能直接应用于矢量空间点数据的问题，提出了利用规则格网划分空间数据，建立虚拟线要素对象，再运用 DFT 变换域数字水印算法实施数字水印嵌入、提取。

第 5 章：多技术融合的地理空间矢量数据数字水印技术。提出了一种空间域和 DFT 变换域相结合的多重数字水印算法：首先，在空间域中，运用 QIM 量化方法嵌入数字水印 1；其次，对所有要素对象，在 DFT 变换域嵌入数字水印 2，算法很好地解决了数字水印覆盖的问题，且保持了两种数字水印技术各自的优点。

第 6 章：抵抗投影变换攻击的地理空间矢量数据盲数字水印技术。提出了一种解决投影攻击和坐标系变换攻击的数字水印解决方案，在数字水印嵌入时，转换原始数据到 WGS84 地理坐标系，将数字水印嵌入到 WGS84 坐标系空间数据。在数字水印提取时，只需把含数字水印数据转换到 WGS84 坐标系后，即可提取数字水印信息，该算法采用了鲁棒性高的 DFT 变换域数字水印算法。

第 7 章：总结和展望。对本书研究工作进行总结，提出了未来需要进一步深入研究的相关问题。

第 2 章　地理空间矢量数据数字水印技术基础

数字水印技术是近年来兴起的前沿研究领域，为数据的安全提供了重要的技术手段，在数据版权保护和完整性认证方面得到迅猛发展，已成为信息安全研究领域的一个热点。本章的主要目的是为地理空间矢量数据数字水印算法的研究奠定理论基础。因此，本章将首先介绍数字水印的概念、特征、应用框架和评价指标等基本理论；其次，结合地理空间矢量数据特点和数据的组织，分析地理空间矢量数据数字水印的特征，归纳并总结地理空间矢量数据数字水印攻击方式。

2.1　数字水印技术概述

一般认为，数字水印技术起源于传统的"水印"技术，即印在传统载体上的水印（如纸币和邮票上的水印等），这些传统的水印用来证明内容的合法性。在 700 多年前，纸水印便在意大利的 Fabriano 镇出现。到了 18 世纪，在欧洲和美国制造的产品中，纸水印已经变得相当实用。

源于对数字产品保护的需要，1954 年，美国 Muzak 公司的 Hembrooke Emil Frank 申请了名为 *Identification of Sound and Like Signals* 的专利，该专利将标识码以不可感知的方式嵌入到音乐中，用于证明该音乐的所有权，这是最早出现的电子水印技术（刘小勇，2010）。直到 20 世纪 90 年代初期，数字水印才作为研究课题受到了足够的重视。1993 年，Tirkel 等发表了题为 *Electronic watermark* 的文章，首次提出了"watermark"这一术语；1994 年，Van Schyndel 等在图像处理国际会议（ICIP）上发表了题为 *A digital watermark* 的文章。这两篇文章提出了有关数字水印的一些重要概念，引起了研究者的极大兴趣，数字水印技术的研究如雨后春笋般涌现。

2.1.1　数字水印的定义和特征

数字水印是一种信息隐藏技术，其基本思想是在数字图形、图像、音频和视频等数字产品中嵌入版权标识、用户序列号或产品的相关信息，用于保护数字产品的版权、证明产品的真实可靠性或跟踪盗版行为。

数字水印技术的原理是利用人类视觉系统（human visual system，HVS）的冗余，通过一定的算法在数字信息中加入不可见标记，起到证明作品版权归属的作用。加入的不可见标记不能影响数据的合理使用和价值，并且不能被人的知觉系统觉察到，除非对数字水印具有足够的先验知识，任何破坏和消除数字水印的企图都将严重破坏图像质量（李永全，2005）。

标记信息需要经过变换或加密嵌入数字产品，通常称变换后的标记信息为数字水印，数字水印信号定义如下：

$$w = \{w_i \mid w_i \in O, \ i = 0, 1, 2, \cdots, M-1\} \tag{2.1}$$

式中，M 为数字水印序列的长度；O 为值域，数字水印信号的值域可以是二值形式，如 $O=\{0, 1\}$，$O=\{-1, 1\}$，或是高斯白噪声。

不同的应用对数字水印的要求不同，一般认为数字水印应具有如下特征：

（1）安全性

安全性是指在没有密钥的情况下，非法使用者不能对数字水印信息进行提取、破坏或者伪造数字水印信息。

（2）可证明性

数字水印应能为需要版权保护的数字产品提供可靠的证据。数字水印算法应能够将用户注册码、产品标志或有意义的文字等标识所有者的有关信息，通过某种方式隐藏到需要保护的数字产品中，在需要证明版权时，再将这些隐藏信息提取出来（许文丽等，2013）。

（3）不可感知性

在数字产品中隐藏的数字水印应该是不能被感知的。目前的数字水印算法（零数字水印除外）大部分都是通过修改载体数据嵌入数字水印信息的，这在一定程度上会引起载体数据在视觉或者听觉上的变化。好的数字水印嵌入算法应该具有良好的不可感知性，即数字水印嵌入不应该引起载体数据在感官体验上的变化。

（4）鲁棒性

鲁棒性指含数字水印数据在有意（如恶意攻击）或无意（如正常的图像压缩、滤波和裁剪等）操作之后，能提取和检测到数字水印信息的能力，也可以理解为数字水印算法抵抗数字水印攻击的能力。不同用途的数字水印算法对算法鲁棒性的要求也不尽相同。例如，通常用于内容认证的脆弱数字水印要求鲁棒性极低，而用于版权保护和使用跟踪的鲁棒水印算法鲁棒性要求非常高。

2.1.2　数字水印系统的基本框架

数字水印系统包括嵌入和检测两大部分（孙圣和等，2004）。嵌入部分至少有两个输入量：一个是原始数字水印信息，它通过适当变换后作为待嵌入的数字水印信号；另一个是作为数字水印载体的原始数字产品。数字水印嵌入的输出结果为含数字水印信息的数字产品，通常用于发布或传输。数字水印系统的基本框架如图 2.1 所示。

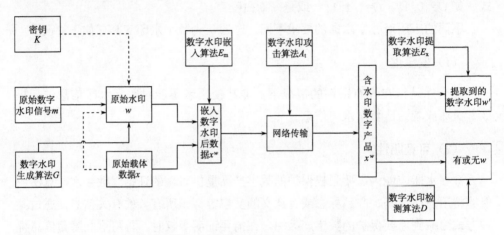

图 2.1　数字水印系统基本框架（孙圣和等，2004）

注：图中虚线部分表示该项不是必需的（后同）

图 2.1 描述了一个完整的数字水印系统涉及的所有元素，从中可以看出，整个数字水印系统框架包括：数字水印生成、数字水印嵌入、数字水印提取与检测三种关键技术。其中，数字水印提取一般包括了数字水印检测的过程，而数字水印攻击虽不是数字水印系统中必需的元素，但作为数字水印算法鲁棒性的评价，是数字水印算法设计中必须要考虑的因素。

（1）数字水印生成

嵌入原始载体数据的数字水印信号可以是无意义数字水印信号或有意义数字水印信号。无意义数字水印信号都是无意义的随机序列，如伪随机实数序列和伪随机二值序列等。一般情况下，给定一个"种子"作为伪噪声发生器的输入，就可以产生具有高斯分布的白噪声信号。这个"种子"可以是数字产品的序列号和分发编号等，也可以是无任何意义的数值，当伪随机信号发生器固定时，"种子"就是产生数字水印信号的密钥。在进行数字水印检测时，需要此密钥来产生与数字水印嵌入时相同的伪随机实数序列，计算提取到的数字水印信号与原始数字水印信号的相关性，用来确定待检测产品中是否含有该数字水印信号。有意义数字水印信号是指数字水印信息代表一定意义的文本、声音、图像或视频信号，使用有意义数字水印信号的一个显著特点是数字水印提取后非常直观，可以直接对载体中是否含有数字水印进行判别，无需计算与原始数字水印信号的相关性。对有意义数字水印信号，在数字水印嵌入之前，需要进行预处理，如对信号进行混沌置乱和数字水印扩频等。

（2）数字水印嵌入

数字水印嵌入指把数字水印信号嵌入到原始载体数据中，得到含数字水印信息数据的过程。数字水印嵌入过程如图 2.2 所示。

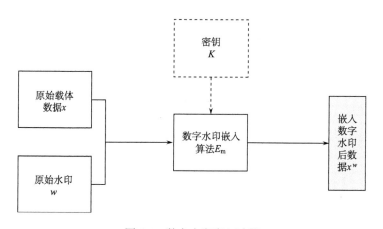

图 2.2　数字水印嵌入过程

一般的数字水印嵌入可描述为

$$x^w = E_m(x, w, k) \tag{2.2}$$

式中，E_m 为数字水印嵌入算法；x 为原始载体数据；w 为数字水印；x^w 为嵌入水印后的数据，有时在嵌入算法中使用密钥 k 进行数字水印嵌入。

数字水印嵌入算法是数字水印嵌入中最为核心的技术。数字水印嵌入算法一般需考虑两方面内容：一是数字水印的嵌入空间位置；二是数字水印和原始载体数据的结合方式。根据数字水印嵌入的空间位置不同，数字水印算法分为空间域数字水印算法和变换域数字水印算法两大类。空间域数字水印算法将数字水印信息直接嵌入到原始载体数据中，变换域数字水印算法将数字水印信息嵌入到原始载体数据的变换域系数中。对数字水印与原始载体数据的结合方式，目前常用的主要有加性规则、乘性规则、LSB 替换、数据替换、直方图平移、QIM 和基于统计特征数字水印嵌入等。加性和乘性规则数字水印嵌入用在非盲数字水印算法中，数据替换、直方图平移方法用于可逆数字水印算发中，LSB 替换、QIM、基于统计特征数字水印嵌入可实现数字水印的盲检测。

（3）数字水印提取与检测

数字水印的提取指通过算法把嵌入到原始载体数据中的数字水印信息提取出来，数字水印检测指通过算法判断待检测数据中是否含有数字水印信息。对有意义数字水印信息，一般可以通过提取到的数字水印信息来判断；而对无意义水印信息，需要进行数字水印检测才能对原始载体数据是否含有数字水印信息做出判断。

数字水印的提取与检测过程如图 2.3 所示。

数字水印提取与检测通常分为盲数字水印和非盲数字水印（朱长青，2014）。非盲数字水印需要原始载体数据参与提取，而盲数字水印则不需要原始载体数据参与提取，因此，盲数字水印在实际应用中更具有实用性。

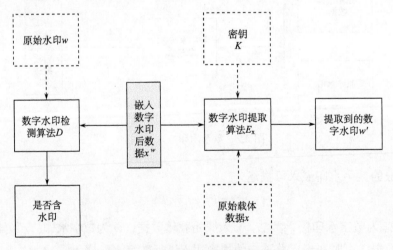

图 2.3　　数字水印的提取与检测过程

数字水印检测算法主要有相关性数字水印检测算法、最优检测算法和统计理论检测算法等。数字水印嵌入算法不同，数字水印检测算法不同。例如，对加性规则数字水印嵌入来说，可以使用相关性数字水印检测算法，一般的相关性检测器描述如下：

$$R_{y \cdot w} = \delta(y) = \frac{1}{N} \sum_{i=1}^{i=N} y_i w_i \begin{cases} \geq T \Rightarrow w & \text{有} \\ < T \Rightarrow w & \text{无} \end{cases} \qquad (2.3)$$

式中，y 为含水印数据；w 为数字水印；N 为水印长度；T 为设定的检测阈值。

　　除了通过相关性检测判断有无数字水印外，有时需要计算提取到的数字水印图像与原始数字水印图像之间的相似度，数字水印图像的相似度一般使用归一化相关系数（normalized correlation，NC）计算，其计算公式如下：

$$NC = \frac{\sum_{i=1}^{i=N} w(i) w'(i)}{\sum_{i=1}^{i=N} w(i)^2} \qquad (2.4)$$

式中，w 为原始水印；w' 为提取到的数字水印；N 为水印长度，NC 值介于[0,1]，值越接近于 1，说明提取到的数字水印图像与原始数字水印图像相似度越高。

2.1.3　数字水印的置乱

　　为了增强数字水印的安全性，通常在数字水印嵌入之前，往往需要对数字水印进行置乱操作，消除数字水印在空间上的相关性，提高数字水印算法抗裁剪的能力。由于混沌系统具有良好的初值敏感性，运用混沌方法置乱数字水印具有良好的随机性和安全性。

　　数字水印图像置乱还可以在很大程度上提高数字水印图像的不可感知性、鲁棒性及安全性。在数字水印嵌入前，应用混沌系统改变数字水印图像中像素的空间位置分布，将数字水印图像转换成一个类似噪声的数字水印信号再嵌入原始载体数据，即使数字水印信号由于攻击或噪声发生污损，损坏的部分也被平均分配到了数字水印图像的各个部分，这就大大减少了信息丢失对数字水印提取造成的影响，提高了数字水印的鲁棒性。

　　用于数字水印置乱的混沌方法主要有 Logistic 混沌映射和 Arnold 置乱等。

（1）Logistic 混沌映射

　　Logistic 混沌映射模型也称作虫口模型，是一种典型的非线性动力系统。它的特点是对初始值及参数极为敏感，初始值只要有微小的差异，就可能导致完全不同的结果（Pareek et al., 2006）。应用于图像置乱的 Logistic 混沌系统的定义如下：

$$x_{n+1} = \mu x_n (1 - x_n) \qquad\qquad (2.5)$$

式中，$0 \leqslant \mu \leqslant 4$，$x_n \in (0,1)$，$n=0,1,2\cdots$。这样得到的序列$x_n$的取值范围是单极性的。当$3.569945 \leqslant \mu \leqslant 4$时，Logistic 映射工作处于混沌状态，即由不同初始状态x_0生成的序列是非周期、不收敛、不相关的，并对初始值非常敏感。图 2.4 的实验说明了 Logistic 混沌映射对初始值的高度敏感性。取初值分别为 0.10001 和0.10002，$\mu=4$，均迭代 500 次，可以看出，即使初始值相差 0.00001，点的分布也有比较大的变化。

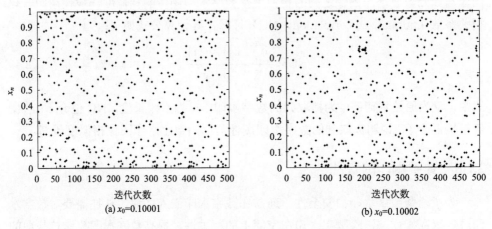

图 2.4 $\mu = 4$，迭代次数为 500 的 Logistic 混沌映射轨迹

数字水印技术中中应用 Logistic 混沌系统对数字水印图像进行置乱的具体步骤如下。

应用式（2.5）产生一个长度为 M 的序列 l，M 为数字水印图像的比特长度，将该序列进行升序排序，产生一个 l 的有序序列及 l 中每个数据在 l 中的位置数列 index，置乱图像时，给定原始数字水印图像 w，按照下式置乱：

$$w'(i) = w[\text{index}(i)], 1 \leqslant i \leqslant M \qquad\qquad (2.6)$$

式中，w' 为置乱图像，嵌入数字水印时，将 w' 图像嵌入地理空间矢量数据中。

提取数字水印信息时，提取到的是置乱图像 w'，再次应用 Logistic 混沌系统解密，解密公式为

$$w''(\text{index}(i)) = w''(i), 1 \leqslant i \leqslant M \qquad\qquad (2.7)$$

式中，w'' 为解密后的数字水印图像。应用 Logistic 混沌系统置乱图像可增强数字水印的鲁棒性和安全性。图 2.5（a）是原始数字水印图像，图 2.5（b）是应用 Logistic 混沌系统置乱后的数字水印图像，图 2.5（c）是解密后的数字水印图像。

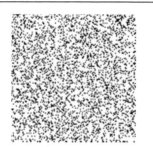

（a）原始数字水印图像　　　（b）置乱后数字水印图像　　　（c）解密后数字水印图像

图 2.5　应用 Logistic 混沌系统对原始数字水印图像置乱

（2）Arnold 变换

Arnold 变换又称"猫脸变换"，可以对图像中各像素点的位置进行置乱，使其达到加密的目的。Arnold 变换可以表达为

$$\begin{bmatrix} x' \\ y' \end{bmatrix} = \begin{bmatrix} 1 & 1 \\ 1 & 2 \end{bmatrix} \begin{bmatrix} x \\ y \end{bmatrix} \bmod N, \quad x, \ y \in \{0,1,2,\cdots, \ N-1\} \tag{2.8}$$

式中，(x,y) 为像素在原图像的坐标；(x',y') 为变换后该像素在新图像的坐标；N 为图像阶数，即图像大小。Arnold 变换具有周期性，即对图像进行一定次数的变换后，能够重新得到原始图像。图 2.6（a）是原始数字水印图像，图 2.6（b）~图 2.6（e）给出了变换 1 次、10 次、24 次、48 次的置乱结果。当变换 48 次后，数字水印图像将恢复成原始图像，即该图像的置乱周期为 48 次。

（a）原始数字水印图像　（b）置乱 1 次　（c）置乱 10 次　（d）置乱 24 次　（e）置乱 48 次

图 2.6　Arnold 置乱示意图

2.2　地理空间矢量数据数字水印技术的特征

根据地理现象在空间上的几何图形表示形式，可将地理现象抽象为点、线、面三种类型；按逻辑结构不同分为矢量数据和栅格数据，矢量数据又包括空间数据和属性数据。

2.2.1　地理空间矢量数据及其特征

地理空间矢量数据结构通过坐标值来精确地表示点、线、面地理空间实体。

点——由一对（x，y）坐标表示。

线——由一串有序的（x，y）坐标对表示。

面——由一串或几串有序且首位坐标相同的（x，y）坐标对及面标识表示。

地理空间矢量数据结构如图 2.7 所示。

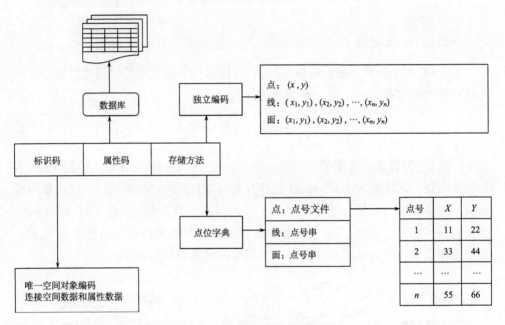

图 2.7　地理空间矢量数据结构

地理空间矢量数据结构能很好地表示现实世界中各种复杂的地理空间实体，当地理空间实体可描述成线或边界时，地理空间矢量数据模型特别有效。地理空间矢量数据具有高精度、冗余度低、易存储、支持多种空间分析等特点。同时，在进行空间可视化表达时，地理空间矢量数据具有输出质量好、精度高的特点（胡鹏，2002）。

地理空间矢量数据可按照某种属性特征形成一个数据层，通常称为图层。图层是描述某一地理区域的某一（有时也可以是多个）属性特征的数据集（胡鹏，2002）。地理空间矢量数据也是由若干个层组成，每一层由一种或多种要素类组成。要素类是由同种类型的要素集合构成，如交通数据中的道路和交叉口等。要素类之间可以独立存在，也可以具有某种关系。同类要素一般采用相同或相近的颜色和符号表示，并严格按照点、线、面要素进行划分；一组相同空间参考的要素类集合就构成要素数据集。不同软件对要素组织方式不同。例如，ArcGIS 将点、线、面状要素用不同的数据文件（shapefile）进行组织，而 AutoCAD 和 MapInfo 等软件则将点、线、面状要素用一个文件进行组织，如图 2.8 所示。

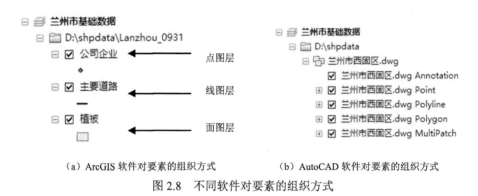

　　　（a）ArcGIS 软件对要素的组织方式　　　　　（b）AutoCAD 软件对要素的组织方式

图 2.8　不同软件对要素的组织方式

　　地理空间矢量数据的获取来源主要有实地外测、地图数字化、摄影测量和遥感测量等（胡鹏，2002）。实地外测是测绘人员利用专业仪器，在实地环境中测绘所得，数据采集需要耗费大量的人力、物力，采集周期长，优点在于获取数据精度高、准确度高，是国家测绘部门主要的数据采集手段，特别是对大比例尺地图数据而言，实地外测是获取数据的主要手段。在已有数据的基础上，一般都是利用先进的摄影测量、遥感测量、航片测量的方法进行数据补充或更新，对大范围无人区的测绘也通常使用航片、卫片获取矢量数据。地理空间矢量数据可以作为基础地理数据，与各个部门的专题数据相配合使用，提供专题分析的底图。更多情况下，地理空间矢量数据是作为地理信息系统的重要数据组成部分，为地理信息系统空间分析和基于地理信息系统的决策支持提供重要的数据基础。

2.2.2　地理空间矢量数据数字水印技术概述

　　地理空间矢量数据一般由空间数据、属性数据及其他附加数据组成。空间数据包括几何数据和关系数据；属性数据是描述空间实体特征的数据（如类型、等级、名称和状态等），其中也包括描述空间特征的数据。几何数据是描述空间实体的空间特征数据，也称为位置数据、定位数据，（如点的坐标）；关系数据是描述空间实体之间关系的数据，（如邻接和包含等）。

　　根据空间形态不同，地理空间矢量数据分为点、线、面。地图上的点用空间

坐标 (x, y) 表示，线由一串有序的点组成，面是由线构成的闭合多边形，由一串有序且首位坐标相同的点表示，所有的地图对象都是由许多有组织的顶点序列构成。

属性数据描述地图对象的属性，其内容不能随便修改，因此，数字水印通常只能嵌入空间数据中（闵连权等，2009）。

地理空间矢量数据在存储方式、数据结构和数据处理方式等方面都具有不同于图像等其他数据的特征。本书结合地理空间矢量数据独有的数据特点，深入分析地理空间矢量数据数字水印技术的主要特征：

（1）生产成本高、周期长、高保密性

地理空间矢量数据的生产需要耗费大量的人力、物力，生产成本高，周期长，版权保护尤为重要，同时由于地理空间矢量数据往往包含着国家秘密信息，在使用过程中应采取相应的保密措施，数字水印技术能够提供有效的保护和控制。

（2）数据精度高

地理空间矢量数据使用坐标表示地理空间实体的精确位置，因此，具有空间定位精度高的特点。这一特点决定了在数字水印嵌入过程中，不仅要保证数字水印算法具有较好的不可见性，还要保证数字水印嵌入引起数据的误差在允许范围之内，保证数据的可用性。

（3）数据存储的无序性

图像、视频的帧以扫描线顺序排列，而地理空间矢量数据的存储是无序的，在不改变数据拓扑关系的前提下，地理空间实体的坐标在文件中的存储位置可以改变，因此，数字水印的嵌入、提取不能依赖于地理空间矢量数据的存储顺序。

（4）分幅、分层存储

为了便于存储和处理，地理空间矢量数据都是按照图幅范围进行数据分割存储的，在实际应用中，又常常需要把数据进行拼接处理；同样，在地理空间矢量数据的分层管理中，有时需要对数据进行合并或重新按照某种属性特征进行分层，这样的处理会影响到数字水印信息的提取，在地理空间矢量数据数字水印算法研究中需要考虑。

（5）数据格式多样化

当前各行业使用的 GIS 软件产品众多，不同的软件商家都定义了自己的数据格式。例如，ArcGIS 支持的矢量数据格式有 coverage、shapefile 和 geodatabase 等，AutoCAD 支持矢量数据格式有 DWG、DGN 和 DXF 等。另外，如 MapInfo、SuperMap 和 MapGIS 等 GIS 软件也都有自己的数据格式。不同的数据格式具有不同的数据存储和处理方法，这也是数字水印算法设计中需要考虑的基本问题。

（6）地理空间矢量数据独有的处理方式

与图像、音频和视频等数据相比，地理空间矢量数据具有很多独特的处理方式，如可以修改数据、增加数据、删除数据和裁剪数据等；地理空间矢量数据可以进行格式转换、坐标变换、投影变换，经过这些变换之后，坐标数据一般会发生很大的变化；另外，地理空间矢量数据还可以进行压缩和综合等操作，这些操作方法众多、参数不一，结果也不同，任何一种对地理空间矢量数据的处理都会影响数字水印信息的提取。

2.2.3　地理空间矢量数据数字水印算法

按照数字水印检测过程中是否需要原始载体数据的参与，数字水印可以分为非盲数字水印和盲数字水印。非盲数字水印在数字水印检测过程中需要原始载体数据的参与，而盲数字水印在检测过程中不需要原始载体数据的参与，可能需要数字水印提取密钥或者其他附属信息的参与（王奇胜，2012）。一般来说，非盲数字水印算法鲁棒性一般优于盲数字水印（朱长青，2014），但考虑到数字水印提取时，难以获取原始数据，从实用性角度考虑，盲数字水印使用方便，数字水印检测简单易行，也更具有实际应用的优势。目前，学术界研究的数字水印技术大多数是盲数字水印（朱长青，2014），本书主要研究盲数字水印算法。

2.2.4　地理空间矢量数据数字水印攻击

目前对地理空间矢量数据数字水印算法鲁棒性的评价还没有统一的标准或评价体系，现有的做法是通过对地理空间矢量数据进行一系列的攻击试验，来检测算法的鲁棒性。

按照攻击的意图，可将攻击行为分为有意攻击和无意攻击。与图像、音频和视频等载体数据相比，地理空间矢量数据处理方式有其自身的特点，根据数据处理方式对地理空间矢量数据的影响，地理空间矢量数据数字水印攻击可以分为以下几类：

（1）顶点攻击

在数据处理中，对地理空间矢量数据进行编辑（如更新数据时修改坐标点、压缩时删除部分坐标点、增密方式插入坐标点、数据裁剪和要素删除等操作），都会引起地理空间矢量数据坐标发生变化，从而影响数字水印信息的提取。

（2）几何变换攻击

几何变换攻击是对含水印地理空间矢量数据进行几何变换，（如平移、旋转和缩放等）。几何变换会引起地理空间矢量数据较大的变化，从而破坏载体数据与数字水印之间的同步关系。

（3）数据格式转换攻击

地理空间矢量数据格式复杂、种类繁多，各个 GIS 软件均有自己的矢量数据格式，数字水印嵌入和检测算法往往是基于某一种格式的地理空间矢量数据设计和实现的，不能直接对另一种格式的地理空间矢量数据进行数字水印检测，因此，数据格式的转换会影响数字水印信息的提取。

（4）噪声攻击

在精度允许范围内，对数据进行噪声叠加，造成数据点的随机移位，以达到干扰数字水印提取与检测的目的。

（5）坐标系变换、投影变换攻击

根据实际应用需要，地理空间矢量数据从一种坐标系转换到另一种坐标系或从一种投影转换到另一种投影，这些数据变换操作将会改变所有的地理空间矢量数据，使得数字水印检测算法无法直接从变换后的数据中提取数字水印信息。

（6）多重嵌入攻击

多重嵌入攻击是攻击者在含数字水印数据中加入自己的数字水印，这样就能从含数字水印数据中检测出其数字水印，产生无法分辨与解释的情况（朱长青，2014）。

（7）其他水印攻击

除了上述几种针对地理空间矢量数据数字水印攻击类型之外，还有其他类型的攻击方式（如数据重排序攻击、数据融合攻击、制图综合攻击、数据裁剪攻击、拼接攻击和重分层攻击等），这些攻击都是地理空间矢量数据算法设计中需要考虑和研究的基本问题。

2.3 本 章 小 结

本章对地理空间矢量数据数字水印技术的基础理论进行了总结和分析。

首先，对数字水印技术的定义、基本框架、数字水印的置乱技术等方面进行了介绍，对数字水印基本原理进行了分析和总结；其次，从地理空间矢量数据结构、组织方式和数据来源等方面对地理空间矢量数据进行了简要的介绍，分析了地理空间矢量数据数字水印技术特征，重点分析了地理空间矢量数据不同于其他类型载体数据水印技术的区别；最后，对地理空间矢量数据数字水印攻击方式及其特点进行了总结研究。

本章的研究，特别是对地理空间矢量数据数字水印技术特征和地理空间矢量数据数字水印攻击类型的分析研究，为地理空间矢量数据数字水印算法的研究奠定了理论基础。

第 3 章　地理空间矢量数据空间域盲数字水印技术

　　鲁棒数字水印技术主要用于地理空间矢量数据的版权保护，是目前地理空间矢量数据数字水印技术研究的主要方面。目前，地理空间矢量数据数字水印算法主要分为空间域数字水印算法和变换域数字水印算法。绝大多数空间域数字水印算法对顶点攻击鲁棒性较好，但对几何变换攻击鲁棒性较差。鲁棒性要求数字水印算法能够抵抗一般的数字水印攻击,（如地理空间矢量数据数字水印攻击中最为常见的顶点攻击和几何变换攻击），研究能够抵抗几何变换攻击的空间域数字水印算法对提高数字水印算法的鲁棒性具有重要意义。

　　本章对地理空间矢量数据空间域数字水印算法研究的基础上，构建了两种鲁棒地理空间矢量数据盲数字水印算法。第一个算法是针对当前大多数空间域数字水印算法不能抵抗几何变换攻击的问题，提出运用归一化方法作为空间域数字水印嵌入的基础，实现了一种能够抵抗几何变换的空间域数字水印算法；第二个算法应用 QR 码编码字符数字水印信息，解决了数字水印提取中字符可能会出现乱码的问题。在算法研究中，从数字水印的不可见性、数据误差和算法的鲁棒性等方面进行了验证。

3.1　基于归一化的地理空间矢量数据盲数字水印算法

　　地理空间矢量数据空间域数字水印算法通常简单、易操作，数字水印嵌入量较大，能够抵抗增加点、删除点、裁剪及噪声等攻击，但抵抗几何攻击方面鲁棒性较差。考虑现有空间域数字水印算法难以同时抵抗顶点攻击和几何攻击的缺陷，运用数据归一化方法，创建了间接的数字水印嵌入域，能适应于不同类型地理空间矢量数据的水印嵌入，解决地理空间矢量数据数字水印算法同时遭受几何攻击和顶点攻击的问题，以提高数字水印算法的鲁棒性，并且实现盲检测。

3.1.1　地理空间矢量数据归一化

　　地理空间矢量数据一般由空间数据和属性数据构成。空间数据包括几何数据和关系数据；属性数据描述地理对象的各种属性，不能随便修改，因此，水印只能嵌入空间数据中（闵连权等，2009）。数据归一化处理方法广泛运用于工程数据处理中，归一化处理能使数据具有统一性和可比性。由于不同的地理空间矢量数据单位不一致，为了能够在不同类型的地理空间矢量数据中嵌入数字水印，在数字水印嵌入之前，一方面对地理空间矢量数据进行最小-最大归一化处理，使不同单位、不同量纲的数据具有一致性；另一方面，数据归一化可以得到数据平移、缩放的不变性，这样在归一化后的数据中嵌入数字水印，可以抵抗数据平移、缩放类型的几何攻击。

（1）最小-最大归一化

数据归一化常用的方法有线性映射的最小-最大值归一化。它是对原始数据进行线性变换（Han et al.，2011）。设 Min Value 和 Max Value 分别为属性 A 的最小值和最大值，将 A 的一个原始值 x 通过式（3.1），归一化映射成在区间[0,1]中的值 x'。

$$x' = \frac{x - \text{Min Value}}{\text{Max Value} - \text{Min Value}} \tag{3.1}$$

（2）反归一化

将数字水印信息嵌入到归一化后的地理空间矢量数据中，运用式（3.2）进行反归一化，得到含数字水印的地理空间矢量数据。

$$x'' = \text{Min Value} + (\text{Max Value} - \text{Min Value}) \times x' \tag{3.2}$$

（3）地理空间矢量数据归一化的实施

运用最小-最大值归一化方法，对地理空间矢量数据 X 坐标、Y 坐标分别实施归一化，下面以 X 坐标为例说明归一化的计算：原始数据 X_i，最大值 $X_{\max}$，最小值 $X_{\min}$，归一化后的数据 $X_i' = \dfrac{X_i - X_{\min}}{X_{\max} - X_{\min}}$。

（4）数字水印嵌入及提取

通过 QIM 方法，数字水印嵌入坐标归一化后的数据 X_i' 中，再实施反归一化，得到含数字水印数据 X_i''，具体见数字水印嵌入算法流程。

水印提取时，首先对含水印数据归一化，从归一化后的数据中提取水印信息。

（5）抵抗平移、放大、缩小、坐标点修改攻击的原理

在无攻击的情况下，可以从含数字水印数据 X_i'' 中提取数字水印信息。下面分析本算法能够抵抗常见攻击的原理。

1）平移攻击。当含数字水印数据平移了 ΔX、ΔY 后，如图 3.1 所示，坐标数据记为（X_i，Y_i）。

$$X_i = X_i'' + \Delta X, Y_i = Y_i'' + \Delta Y \tag{3.3}$$

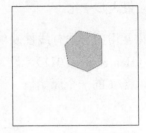

（a）平移变换前要素数据　　　　　（b）平移变化后要素数据

图 3.1　平移变换前后要素数据变化比较

以 X 坐标为例，推导 X_i 的归一化值如下：

$$X_{\min} = \text{Min}(X_i) = \text{Min}(X_i'' + \Delta X) = \Delta X + \text{Min}(X_i'') \tag{3.4}$$

$$X_{\max} = \text{Max}(X_i) = \text{Max}(X_i'' + \Delta X) = \Delta X + \text{Max}(X_i'') \tag{3.5}$$

由式（3.1）计算可得，X_i 的归一化值 X_i'。

$$X_i' = \frac{X_i - X_{\min}}{X_{\max} - X_{\min}} \tag{3.6}$$

式（3.3）~式（3.5）代入式 3.6 可得，$X_i' = \dfrac{X_i - X_{\min}}{X_{\max} - X_{\min}} = \dfrac{\left(X_i'' + \Delta X\right) - \left(\Delta X + \text{Min}\left(X_i''\right)\right)}{(\Delta X + \text{Max}(X_i'')) - (\Delta X + \text{Min}(X_i''))}$

$= \dfrac{X_i'' + \text{Min}\left(X_i''\right)}{\text{Max}\left(X_i''\right) - \text{Min}\left(X_i''\right)}$。

该结果可以看出，平移后数据的归一化值完全等于平移之前数据的归一化值，因此，平移攻击不影响数字水印信息的提取。

2）放大、缩小攻击。对含数字水印数据的放大或缩小，如图 3.2 所示，即给数据乘了一个倍数 $\propto$，坐标数据记为（X_i，Y_i）。

$$X_i = \propto X_i'', \quad Y = \propto Y_i'' \tag{3.7}$$

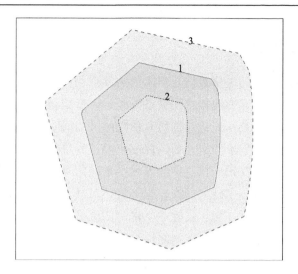

图 3.2　按比例放大缩小含水印数据的变化比较

注：1 表示原始数据，2 表示缩小 0.5 倍后数据，3 表示放大 1.5 倍后数据

以 X 坐标为例，推导 X_i 的归一化值如下：

$$X_{\min} = \mathrm{Min}(X_i) = \mathrm{Min}(\propto X_i'') = \propto \mathrm{Min}(X_i'') \qquad (3.8)$$

$$X_{\max} = \mathrm{Max}(X_i) = \mathrm{Max}(\propto X_i'') = \propto \mathrm{Max}(X_i'') \qquad (3.9)$$

由式（3.1）可得，X_i 的归一化值 X_i'。

$$X_i' = \frac{X_i - X_{\min}}{X_{\max} - X_{\min}} \qquad (3.10)$$

式（3.7）~式（3.9）代入式（3.10）可得　$X_i' = \dfrac{X_i - X_{\min}}{X_{\max} - X_{\min}} = \dfrac{\propto X_i'' - \propto \mathrm{Min}(X_i'')}{\propto \mathrm{Max}(X_i'') - \propto \mathrm{Min}(X_i'')}$

$= \dfrac{X_i'' + \mathrm{Min}(X_i'')}{\mathrm{Max}(X_i'') - \mathrm{Min}(X_i'')}$ 。

式（3.10）结果可以看出，放大或缩小后数据的归一化值，完全等于缩放之前数据的归一化值，因此，缩放攻击完全不影响数字水印信息的提取。

3）坐标点修改攻击。要保证攻击后的数据具有可用性，这样数字水印的攻击才有意义。$\mathrm{Min}(X)$、$\mathrm{Max}(X)$ 的坐标点一定是在要素最小外包矩形（minimum bounding rectangle，MBR）上，顶点攻击中，极值点作为特征点不宜做任何修改，保证最大值 $X_{\max}$、最小值 $X_{\min}$ 保持不变。

在删除或压缩、修改部分少量顶点后，只是这部分载体数据中的数字水印信息被删除，而数字水印一般会被嵌入多次，因此，仍然可以提取到数字水印信息。

3.1.2　数字水印算法

该算法选取地理空间矢量数据几何图形的顶点坐标嵌入数字水印。为了能够使数字水印信息嵌入所有的地理空间矢量数据，以抵抗裁剪攻击，数字水印信息应尽可能均匀嵌入地理空间矢量数据所有顶点的（X，Y）坐标，以保证数字水印的抵抗攻击能力。在数字水印嵌入前，以图形要素为单位，对图形顶点的坐标值进行归一化处理，然后在归一化值中嵌入数字水印信息。这样，即使对含数字水印地理空间矢量数据实施了几何变换，也不需要对几何变换做校正，就可以提取数字水印信息。与此同时，为了消除数字水印图像像元之间的相关性，增强数字水印的安全性，数字水印图像在嵌入之前，应用 Logistic 混沌算法置乱，混沌变换的初始值可以作为数字水印信息提取的密钥。数字水印嵌入流程如图 3.3 所示。

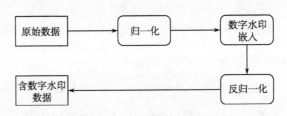

图 3.3　数字水印嵌入流程图

（1）数字水印的嵌入过程

本算法以矢量图形对象为单位嵌入数字水印。图形对象的顶点用集合 V_0 表示为

$$V_0=\{v_i\}; \qquad v_i=（x_i,y_i） \quad i=1,2,\cdots,N$$
$$X_0=\{x_i\}; \qquad Y_0=\{y_i\} \qquad i=1,2,\cdots,N$$

式中，v_i 为每一个顶点；（x_i,y_i）为顶点的 2 个坐标值；X_0 为横坐标值的集合；Y_0 为纵坐标值的集合；N 为顶点的个数。

数字水印嵌入的具体流程如下。

Step 1：　读取地理空间矢量数据，提取图形对象的所有坐标点，构造出 X_0、Y_0 集合；

Step 2：　对 X_0、Y_0 分别进行数据归一化并放大 10^n 倍，记为 X_0',Y_0'；

Step 3：　在 X_0'、Y_0' 中分别采用量化方法嵌入数字水印，具体嵌入方法如下：

1）计算 Hash（x）函数的值 w_i，Hash（x）函数为 x 值与数字水印比特之间的映射函数，Hash（x）=$x\%M$+1，x 为待嵌入数字水印数据；

2）提取待嵌入数字水印位 $w(i)$（$1\leqslant i\leqslant M$），w 为置乱后的数字水印，M 为数字水印的长度；

3）应用 QIM 方法，在 x 中嵌入数字水印，通过式（3.11）计算出嵌入数字水印后的数据 x'，R 为量化值；

$$x'=\begin{cases} x-R/2, & \text{若}w(i)=0\text{且}\mathrm{mod}(x,R)>R/2 \\ x, & \text{若}w(i)=0\text{且}\mathrm{mod}(x,R)\leqslant R/2 \\ x+R/2, & \text{若}w(i)=1\text{且}\mathrm{mod}(x,R)\leqslant R/2 \\ x, & \text{若}w(i)=1\text{且}\mathrm{mod}(x,R)>R/2 \end{cases} \qquad (3.11)$$

Step 4:　对嵌入数字水印后的 X'_0、Y'_0 缩小 10^n 倍，并反归一化；

Step 5:　最后将含数字水印地理空间矢量数据输出保存。

在数字水印嵌入过程中，运用 Hash 函数建立归一化值的较高有效位部分（此部分不会嵌入数字水印）与水印比特（$1 \sim M$）的映射关系。通过对归一化数据放大 10^n 倍后，就会使数字水印嵌入到数值的较低有效位部分，这样就会大大减小数字水印嵌入引起的误差。在归一化值中嵌入数字水印后，运用反归一化得到含数字水印地理空间矢量数据，为了尽可能减小数据误差，不影响数字水印的提取，在极值数据中不能嵌入数字水印。

（2）数字水印的提取过程

数字水印的提取过程是嵌入过程的逆过程，提取流程如图 3.4 所示。数字水印提取的具体过程如下。

Step 1:　读取待测数据，对数据进行归一化并放大 10^n 倍，n 取与同数字水印嵌入时相同的 n 值；

Step 2:　通过 Hash（）函数，计算出 i（i 是数字水印的位置）；

Step 3:　通过 QIM 方法提取数字水印位 $w(i)$ 的值，R 取数字水印嵌入时的量化值；

Step 4:　对提取到的一维数字水印序列，进行升维处理并反置乱，得到最终数字水印图像。

图 3.4　数字水印提取过程

在数字水印嵌入中，数字水印可能被多次嵌入，因此，采用投票原则来确定数字水印信息。计算的方法是定义一个与水印序列等长的整数序列$\{B(i)=0, i=1,\cdots,M\}$，M 为数字水印长度。单个水印位记为$b'(i)=\{1,-1\}$，相同数字水印位提取过程中，使用式 $B(i)=B(i)+b'(i)$ 来统计出数字水印信息值-1 和 1 的多数，如 "1" 为多数，则 $B(i)>0$；然后根据式（3.12）来重构出二值数字水印图像。

$$w'(i)=\begin{cases}1, 若 \ B(i)>0 \\ 0, 若 \ B(i)\leqslant 0\end{cases} \qquad (3.12)$$

3.1.3 试验及分析

试验选用一幅 1：400 万的中国地图，数据格式为 ArcGIS 的 SHP 格式，该图有 1785 个要素，共有 80965 个坐标点。试验对嵌入数字水印后的数据进行误差统计，并对数字水印的不可见性及鲁棒性进行分析。试验中的数字水印是 32 像素×64 像素的二值数字水印图像，如图 3.5（a）所示，图 3.5（b）是 Logistic 混沌置乱后的数字水印图像。

（a）原始数字水印图像 　　　　（b）Logistic 混沌置乱后数字水印图像

图 3.5　原始水印图像

该算法中采用均方根误差（root mean square error，RMSE）和最大误差等指标评价数字水印嵌入对地理空间矢量数据精度的影响大小。

$$\text{RMSE}=\sqrt{\frac{\sum d_i^2}{N}}$$，$i=1,2,\cdots$，N，N 为含数字水印坐标点的个数；d_i 为原始数据坐标点与含数字水印数据坐标点之间的绝对误差，$d_i=\sqrt{\Delta x^2+\Delta y^2}$；$\Delta x$、$\Delta y$ 分别为 X 方向、Y 方向的误差。

对提取到的水印图像与原始数字水印图像通常用 NC 来评价其相似性，计算公式如下：

$$\text{NC}=\frac{\sum_{i=1}^{i=M}\sum_{j=1}^{j=N}\text{XNOR}[w(i,j),w'(i,j)]}{M\times N} \qquad (3.13)$$

式中，$M\times N$ 为水印图像的大小；$w(i,j)$ 为原始水印信息；$w'(i,j)$ 为提取的水印信息；XNOR 为异或非运算。

（1）误差及不可见性分析

该算法中，数据误差大小不仅与量化值 R 有关系，还与 n（归一化数据后放大倍数 10^n）有关系。如果量化值 R 太大，将会导致数据误差太大；如果 R 太小，数字水印的鲁棒性差，则难以提取到数字水印信息。通过试验分析，R 取值 $20\sim100$，可以很好地提取到数字水印信息，试验中 R 取 40。n 值的大小不仅影响数据误差的大小，而且与数字水印的鲁棒性有一定的关系。n 值与最大误差、RMSE 的关系见表 3.1。

表 3.1　n 值与最大误差、RMSE 的关系

n	最大误差	RMSE	NC
3	0.218261585	0.030237424	0.817871
4	0.021826158	0.003048796	0.821289
5	0.002182616	0.000304115	0.833008
6	0.000218262	3.04633×10^{-5}	0.843008
7	2.18262×10^{-5}	3.02807×10^{-6}	1
8	2.18262×10^{-6}	3.03757×10^{-7}	1
9	2.18262×10^{-7}	3.03369×10^{-8}	1
10	2.18262×10^{-8}	3.01902×10^{-9}	1
11	2.18262×10^{-9}	3.02866×10^{-10}	1
12	7.74349×10^{-11}	8.3593×10^{-12}	1
13	2.18304×10^{-11}	3.0356×10^{-12}	1
14	2.1892×10^{-12}	3.036×10^{-13}	1
15	2.174×10^{-13}	3.03×10^{-14}	0.999512
16	2.93×10^{-14}	3×10^{-15}	0.749023

从表 3.1 中可以看出，随着 n 的增大，最大误差、RMSE 指数下降。但是只有 n 值介于 $7\sim15$ 时，NC 值大于 0.999，可以提取到数字水印信息。试验中权衡误差大小及数字水印的鲁棒性，n 取 10。该算法对地理空间矢量数据实施了归一化处理，对于不同的地理空间矢量数据，都会被变换到 $0\sim1$，因而，不同数据只需要根据数据精度的要求选取合适的 n 值，而 R 取 $20\sim100$ 对数字水印的嵌入、提取几乎没有影响。图 3.6 是数字水印嵌入引起数据误差的分布直方图，从图中可以看出嵌入数字水印后绝大部分数据误差很小，有少量误差较大的数据，但完全在数据精度要求之内，可见该算法不会影响数据的使用。

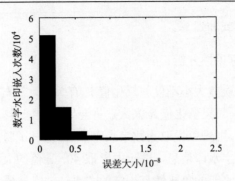

图 3.6　水印嵌入引起数据误差的分布直方图

对数字水印嵌入前后数据可视化叠加对比[图 3.7（a）]，并局部放大显示[图 3.7（b）]，如图 3.7 所示。从图中可以看出数字水印嵌入前后视觉上没有明显差别。从表 3.1 的误差分析数据来看，数字水印嵌入引起的最大误差及 RMSE 都很小，因此，数字水印具有很好的不可见性。

（a）嵌入数字水印前后数据可视化叠加　　　　　　（b）叠加后局部放大图

图 3.7　数字水印嵌入前后数据可视化比较

（2）鲁棒性分析

1）几何攻击。由表 3.2 可以看出，含数字水印数据在经过平移、缩放攻击后，数字水印的提取基本不受影响。这是由于数字水印嵌入到地理空间矢量数据坐标的归一化值中，对含数字水印数据实施平移和缩放攻击后，其归一化值仍然保持不变。因此，数字水印对几何变换中的平移和缩放攻击具有很好的鲁棒性。而对旋转攻击，不能直接运用数字水印提取算法，需要得到旋转参数，进行反向旋转后再提取数字水印。

表 3.2　几何攻击的鲁棒性

攻击类型	(X,Y) 平移 5	放大 2 倍	缩小 0.5 倍
数字水印	水印	水印	水印
NC	1	1	1

2）增加顶点、删除顶点及修改顶点攻击。从表 3.3 中可知，对含数字水印数据增加顶点 2 倍多后，依然能够很好地提取水印。这是由于空间域数字水印算法能够很好地抵抗顶点攻击。增加顶点坐标时，可能会影响部分要素的极值，极值的变化意味着其归一化值就会发生变化，数字水印信息无法提取。但是绝大部分要素的极值不变，因此，在增加少量顶点后，对原来数据的数字水印信息影响并不大。通过对一定数量范围内删除顶点或修改顶点，对数字水印信息提取的影响并不大。如果要删除或修改绝大部分的顶点数据，就会提取不到数字水印信息。当然删除掉大部分顶点后，地理空间矢量数据也将失去其使用价值。如果删除或修改的顶点数据中包含少部分的极值坐标，数字水印的提取不会受到太大的影响；而如果删除或修改所有要素的极值坐标，就不能提取到数字水印信息，当然删除或修改太多的极值坐标，数据会产生较大的误差，会影响到数据的正常使用。

表 3.3　增加、删除或修改顶点攻击的鲁棒性

攻击类型	增加顶点至 244260	删除 10%顶点	修改 10%顶点	修改 50%顶点
数字水印	水印	水印	水印	水印
NC	1	1	1	1

3）要素压缩、删除及裁剪攻击。对含数字水印的数据进行 D-P 压缩试验，取阈值 0.002，压缩至 41431 个顶点后，数字水印的提取不受影响；取阈值 0.02 压缩后，仍然可以提取到 NC 值大于 0.9 的数字水印图像。从表 3.4 可以看出，对要素删除攻击，即使删除 50%的要素后，依然能够很好地提取数字水印信息。在该算法中，每一个数字水印都被多次嵌入各自的空间，而且数字水印信息均匀地分布在每一个要素中，因此，部分要素的删除，不会对数字水印信息造成太大的破坏。

表 3.4　要素压缩、删除攻击的鲁棒性

攻击类型	阈值 0.002，坐标点压缩至 41431 个	阈值 0.02，坐标点压缩至 12903 个	删除 20%要素	删除 50%要素
数字水印	水印	水印	水印	水印
NC	1	0.907715	1	1

　　试验表明，对含数字水印的部分数据进行裁剪后，在剩余要素中仍然可以提取到 NC 值很高的数字水印图像。如图 3.8 所示，在裁剪后剩余的要素（9084 个坐标点）数据中提取到的数字水印图像 NC 值仍然为 1。

（a）裁剪后数据　　　　　　　　　　（b）提取到的数字水印

图 3.8　裁剪后数据及提取到的数字水印图像

　　4）重排序及格式转换攻击。在该算法中，数字水印的嵌入不依赖坐标点顺序及要素顺序，试验中对坐标排序、要素排序攻击进行了模拟，结果表明数字水印的提取不受影响。但是，当含数字水印的地理空间矢量数据从一种格式转换成另一种格式后，无法直接提取数字水印信息，需要转换到原来的地理空间矢量数据格式后，才可以提取数字水印信息。两种不同数据格式的地理空间矢量数据进行格式转换时，由于两者数据结构、存储方式、单位和精度等的差异，转换前后的数据会产生微小的差异，这个差异对数字水印信息的提取影响很小。试验验证了含数字水印 SHP 数据转换到 CAD、E00 格式后，再转为 SHP 格式，可以很好地提取数字水印信息。

　　此外，对含数字水印数据进行了多种组合攻击试验，结果表明，具有鲁棒性的上述攻击，进行任意组合攻击后，均能够提取到数字水印。

3.1.4　算法说明

该算法对地理空间矢量数据实施归一化后，应用 QIM 方法嵌入数字水印，实现了数字水印的盲提取。仿真试验表明，提出的算法能很好地适应不同比例尺、不同单位的地理空间矢量数据数字水印嵌入，很好地解决了平移、缩放攻击后数字水印提取需要重新定位的问题，对平移、缩放和顶点攻击等具有较好的鲁棒性，并且计算简单、误差大小可控，具有一定的实用性。

3.2　运用 QR 码的地理空间矢量数据盲数字水印算法

针对传统的字符编码没有容错功能的缺陷，笔者提出了运用 QR 码的地理空间矢量数据盲数字水印算法。该方法对要嵌入的字符应用 QR 码编码，生成 QR 码二值图像，并应用 Logistic 混沌系统对该 QR 码图像进行混沌置乱，对处理后的数字水印图像按位嵌入地理空间矢量数据的空间域部分，数字水印被多次嵌入。地理空间矢量数据和数字水印位之间的对应关系采用单向映射函数实现，数字水印提取采用投票原则。该算法在提取数字水印时无需原始载体数据的参与。试验结果表明，该方法不仅能够在裁剪后的部分数据中解码出字符，而且具有很好的不可见性，数字水印嵌入引起的地理空间矢量数据的误差很小，数字水印算法对常见的多种攻击具有较好的鲁棒性，该方法可以应用在地理空间矢量数据中嵌入字符数字水印信息，以提高字符数字水印提取的可靠性。

3.2.1　字符数字水印的特点

目前，在地理空间矢量数据数字水印嵌入中，通常加入某个数字图像或者某单位的标志等具有一定实际意义的标志图像作为数字水印，用户可以从主观视觉上直接判别提取到的数字水印。然而随着版权保护的需要，笔者提出在数字水印载体中加入不同的文字信息，这类信息往往是通过把要加入的文字字符，按照文字编码方式转化为二进制位，然后嵌入载体数据。数字水印提取并不是完全可逆的操作，如果提取到的数字水印发生轻微的改变，1bit 数字水印的错误可能会影响整个文字信息的解码，完全改变其含义。这种方法不仅不可靠，而且实现难度较大，很难抵御数字水印的一般攻击。这些算法大多是非盲或半盲数字水印，数字水印提取必须有原始载体数据的参与，实用性不高，因此，设计盲数字水印是数字水印研究的重点。

QR 码具有很强的纠错能力，把要嵌入的字符数字水印，转化为 QR 码图像，嵌入载体数据中，提取后的 QR 码图像，即使部分发生污损，也能够解码获取字符数字水印。

本节将用于图像数字水印的 QR 码数字水印思想引入到地理空间矢量数据数字水印算法中，采用纠错能力强的 QR 码编码需要加入的文字字符，再应用 Logistic 混沌系统置乱数字水印图像，以增强数字水印的安全性，实现了数字水印的盲检测，且保证了数据的可用性、不可见性和部分裁剪、增加、删除顶点操作的稳健性。

3.2.2 QR 码及数字水印预处理

QR 码是一种矩阵二维码符号，它除具有一维条码及其他二维条码所具有的信息容量大，可靠性高，可表示汉字、图像、多种文字信息和保密防伪性强等优点外，还具有超高速识读、全方位识读和纠错能力强等特点。图 3.9（a）是字符"测绘学院"的 QR 编码的数字水印图像，数字水印大小为 64 像素×64 像素，图 3.9（b）是在图 3.9（a）基础上进行 Logistic 混沌置乱后数字水印图像。QR 码的纠错能力强，即使有 50%的图像发生污损，仍然可以解码出原始信息。因此，在地理空间矢量数据数字水印中，对嵌入的字符信息进行 QR 编码，可以增强数字水印的鲁棒性。

(a) QR编码的数字水印图像　　(b) Logistic混沌置乱后数字水印图像

图 3.9　QR 码编码的数字水印图像及 Logistic 混沌置乱后水印图像

3.2.3 数字水印嵌入与提取

（1）算法思路

整个方案的思路是对要加入的字符应用 QR 编码，生成 QR 码二值图像，并应用 Logistic 混沌系统置乱该图像后，作为数字水印加入载体数据中。相比较直接嵌入字符的二进制编码，运用 QR 码的优点是能够增强数字水印提取中的容错性，即使提取到的数字水印图像部分发生污损（有意攻击或无意的数据操作），仍有较大的概率解码其中编码的文字信息。地理空间矢量数据具有空间定位的特性，考虑坐标系不变的情况下，地理空间矢量数据坐标值轻易不会改变，因此，数字水印信息可以嵌入地理空间矢量数据的坐标上。坐标点的顺序发生变化、增删点操作都不会引起原有坐标值的变化，根据这一特性，建立数据坐标点与数字水印位之间的映射函数，来确定数字水印位置。通过 QIM 量化方法嵌入数字水印，可以实现盲数字水印，因此，该数字水印算法采用 QIM 量化法嵌入数字水印。典型的空间域数字水印算法主要有 LSB 算法，此类算法缺点是鲁棒性较差，数据的轻微操作或应用低位覆盖攻击，都可以使得数字水印遭到破坏。本算法改进了 LSB 算法，数字水印信息通过量化方法嵌入坐标数值的有效数据位中，不仅可以控制水印嵌入的位置，而且也完全可以控制数字水印嵌入引起的误差。

基于以上原理，本数字水印算法包括如下三部分。

数字水印生成：对加入地理空间矢量数据的数字水印信息应用 QR 码进行编码，生成 QR 码的数字水印图像；对 QR 码数字水印图像应用 Logistic 混沌系统进行置乱并一维化处理。

数字水印嵌入：读取原始地理空间矢量数据，通过映射函数建立坐标数值和数字水印位的对应关系，计算出数字水印位置。映射函数的建立原理：坐标数值的整数部分在嵌入数字水印前后都不会发生变化，因此，可以把坐标数值的整数部分较为均匀地映射到数字水印位。提取地理空间矢量数据坐标数值较低有效位中的 3 位（小数点后的 4~6 位，以下同）构成整数，对该整数通过量化嵌入数字水印位。该量化值的大小影响水印的抗干扰能力，3 位数的整数最大值小于 1000，取其一半左右作为量化值。最后，用该含数字水印数据替换原始坐标数值中的 3 位，保存地理空间矢量数据。

数字水印的提取：数字水印提取是数字水印信息嵌入过程的逆过程，用数字水印嵌入方法中的映射函数计算出数字水印位置，对含数字水印地理空间矢量数据提取坐标数值中的 3 位构成整数，通过量化提取数字水印位；数字水印位可能被多次嵌入，采用投票原则确定最终数字水印位；对提取的数字水印图像逆置乱操作后，恢复出 QR 码图像，解码 QR 码图像，提取数字水印信息。

数字水印生成与嵌入的原理如图 3.10 所示。

（2）数字水印的生成

假定需要加入的数字水印字符为 S，应用 QR 码软件，生成 QR 码二值图像 Sw，如图 3.9（a）是字符 "测绘学院" 的 QR 编码的数字水印图像，数字水印大小为 64 像素×64 像素。应用 Logistic 混沌置乱原理，将图 3.9（a）置乱后所得图像 Swl，如

图 3.9（b）所示，转换 Swl 为一维序列 $\{w_i\}$，$i=1,\cdots,M$，M 为水印长度。

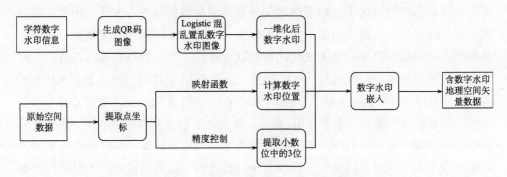

图 3.10　数字水印生成与嵌入的原理

（3）数字水印的嵌入

数字水印的嵌入算法流程如下。

Step 1:　读取地理空间矢量数据，提取坐标点（X，Y），提取地理空间矢量数据坐标值中有效位较低的 3 位，记为 fx、fy，坐标数值的整数部分记为 ix、iy；

Step 2:　建立映射函数 $f(ix,iy)$，计算嵌入的数字水印位 $w(i)$（$1 \leqslant i \leqslant M$）；

Step 3:　通过 QIM 量化方法嵌入 fx 和 fy 中，取量化值为 $R=400$，以 X 坐标为例；

此时分两种情况进行讨论，

第一，如果 $w(i)=0$ 并且 $\mathrm{mod}(fx,R)>R/2$

$$fx_w = fx - R/2；$$

第二，如果 $w(i)=1$ 并且 $\mathrm{mod}(fx,R) \leqslant R/2$

$$fx_w = fx + R/2；$$

Step 4:　经过如上操作，得到 fx_w、fy_w 值，用新的 fx_w、fy_w 替换坐标数值中的原来 3 位数值；

Step 5:　依次对所有点坐标（X，Y）加入数字水印；

Step 6:　保存得到含数字水印的地理空间矢量数据。

（4）数字水印的提取

嵌入过程中采用 QIM 量化方法嵌入数字水印，而在提取数字水印时即不需要原始载体数据也不需要原始数字水印。数字水印的提取算法流程如下。

Step 1:　　生成一个长度为 M（M 为数字水印长度）的一维矩阵；

Step 2:　　读取含数字水印地理空间矢量数据，提取地理空间矢量数据数值的最低有效位中的 3 位，记为 fx、fy，坐标数值的整数部分记为 ix、iy；

Step 3:　　通过映射函数 $i=f(ix,iy)$，计算出 i（i 是数字水印的位置）；

Step 4:　　通过 QIM 量化方法提取数字水印位 $w(i)$ 的值，量化值 R 与嵌入量化值 R 相同，以 X 坐标为例，

如果　$\mathrm{mod}(fx,R)>R/2$

$w(i)=w(i)+1$；

否则

$w(i)=w(i)-1$；

Step 5:　　依次对所有点坐标提取数字水印；

Step 6:　　采用投票原则计算数字水印信息位；

Step 7:　　变换该　维数字水印矩阵为二维图像；

Step 8:　　应用 Logistic 混沌系统解密数字水印图像；

Step 9:　　运用 QR 码解码数字水印图像，得到字符信息。

3.2.4　试验及分析

以 Matlab7.14 作为试验环境，用一幅 1∶5000 的境界线图，数据格式为 ArcGIS 的 SHP 格式，该要素层数据量为 349KB，共有 20292 个坐标点。

（1）算法的正确性测试

图 3.11（a）是原始矢量地图数据可视化效果图，图 3.11（c）是待嵌入的原始 QR 码数字水印图像，图 3.11（b）是嵌入数字水印后的矢量地图数据可视化效果图，图 3.11（d）是从含数字水印地图中提取出的数字水印图像，图 3.11（e）是原始矢量地图数据和嵌入数字水印后矢量地图数据的叠置图，图 3.11（f）是原始矢量地图数据和嵌入数字水印后的矢量地图数据的叠置图局部放大效果图。从该试验可以看出：

第一，嵌入数字水印前后的地图吻合度很高，不管是从视觉上观察还是对数据误差的分析都可以看出，数字水印对原始数据的空间精度影响很小，说明数字水印数据可用。

第二，在对含数字水印空间数据不进行任何攻击操作下，提取出的数字水印和原始数字水印的像点有 99.99% 是相同的，说明了本算法的正确性。

(a) 原始矢量地图数据可视化效果图

(b) 嵌入水印后的矢量地图数据可视化效果图

(c) 原始QR数字水印图像

(d) 从含数字水印地图中提取出的数字水印图像

(e) 原始矢量地图数据与嵌入数字水印后
矢量地图数据叠置图

(f) 原始矢量地图数据和嵌入数字水印后矢量
地图数据的叠置图局部放大效果图

图 3.11　矢量地图数据嵌入数字水印前后效果图

（2）对数据精度的影响

数据精度是地理空间矢量数据的基本特征，精度较低的数据的应用价值也将降低。此处采用 RMSE 和最大误差来评价数字水印嵌入后对数据精度的影响大小（表 3.5）。

表 3.5　水印嵌入后对数据精度影响统计表

数据点数	RMSE	最大误差	误差为 0 的点数
20292	0.000002	0.002	5076

从表 3.5 中可以看出，嵌入数字水印所引起的 RMSE 很小，最大误差为 0.002 个单位，误差为 0 的数据点占到了总点数的 25%，加入数字水印引起的误差均匀

分布在所有地理空间矢量数据上，因此，该算法对数据精度影响较小。数字水印嵌入所产生的最大误差及均方误差都在可接受范围之内，因此，该算法具有较好的可用性。

（3）算法抵抗攻击能力测试

主要测试了算法在增加数据点、删除数据点和裁剪局部数据等情况下的鲁棒性。试验结果如图 3.12 所示。

(a) 左上部分含数字水印数据　　　　　(b) 中间部分含数字水印数据

(c) a图提取到的QR码图像　　(d) 从含水印数据中间部分提取到的QR码图像

(e) 增加冗余点后数据　　　　　　　(f) D-P压缩后数据

(g) 增加冗余点后提取到的QR码图像　　(h) 采用D-P压缩点删除方法提取到的QR码图像

图 3.12　数字水印攻击试验

图 3.12（c）是从含数字水印数据中左上部分提取到的 QR 码图像；图 3.12（d）是从含数字水印数据中间部分提取到的 QR 码图像；图 3.12（g）是增加点至原来的 2.4 倍，总点数为 69106 个，提取到的 QR 码图像；图 3.12（h）是采用 D-P 压缩点删除方法后，剩余 6696 个点（原来点数的 33%）后提取到的 QR 码图像。

对要素排序攻击进行了试验验证，数字水印的提取完全不受影响。这是由于本算法建立了坐标数值整数与数字水印位之间的映射关系，数字水印的嵌入位置与点坐标的顺序无关；同时，由于点坐标的数量远多于数字水印位的个数，因此，数字水印被多次嵌入。此外，数字水印被独立地同时嵌入坐标点（X，Y）中，因此，可抵抗裁剪、压缩和增密等编辑操作。对以上几种攻击，本算法均可正确解码，提取数字水印信息。

当含数字水印的地理空间矢量数据从一种格式转换成另一种格式后，由于数据结构及存储方式的差异，无法直接提取数字水印信息，需要转换到原来的地理空间矢量数据格式后，才可以提取数字水印信息。试验验证了本算法对数据格式的转换同样能够很好地提取数字水印信息。两种不同数据格式的地理空间矢量数据在进行格式转换时，由于两者数据结构、存储方式、单位和精度等的差异，转换后的数据会产生微小的差异，但是这个差异对数字水印信息的影响很小。

3.2.5　算法说明

本节提出的一种运用 QR 码的地理空间矢量数据盲数字水印算法，很好地利用了 QR 码信息容量大、可靠性高、超强纠错能力的特点，设计了能够应用于鲁棒性要求高的地理空间矢量数据盲数字水印算法，算法具有一定的实用性，可以在地理空间矢量数据中加入字符数字水印信息，采用 Logistic 混沌系统对数字水印信息进行了置乱处理，提高了数字水印的安全性。试验结果表明，该算法对增加点、删除点操作及部分裁剪攻击具有较高的鲁棒性。同时，该算法也可用于 2D 其他格式矢量图形版权保护中。

3.3　本 章 小 结

基于地理空间矢量数据数字水印特征，本章对地理空间矢量数据空间域数字水印算法进行了深入研究，提出了两种空间域地理空间矢量数据盲数字水印算法。通过把数字水印嵌入线状、面状数据的最小-最大归一化值中，提出了一种抵抗几何变换攻击的地理空间矢量数据空间域数字水印算法，并通过试验分析了算法的抵抗平移、缩放攻击能力。与一般的空间域数字水印算法相比，该算法不仅能够抵抗顶点增加、删除、修改，数据压缩和裁剪等攻击，还具有抵抗平移、缩放攻击的能力。

运用 QR 码编码具有容错的特点，把字符数字水印信息通过 QR 码编码，采用改进的 LSB 算法，将数字水印嵌入到地理空间矢量数据中间有效位部分。在数字水印嵌入过程中，根据数据精度的要求，控制数字水印嵌入的位置，算法在一定程度上能够抵抗增删点、裁剪和数据压缩等攻击。

第 4 章　地理空间矢量数据变换域盲数字水印技术

一般来说，变换域数字水印算法比空间域数字水印算法鲁棒性高，这也是目前鲁棒数字水印算法研究的主要方向（Niu et al.，2006）。最常用的变换域有 DCT、DWT 和 DFT 等，地理空间矢量数据在使用中通常会进行几何变换，而 DFT 对几何图形平移、旋转和缩放等具有不变性特点，所以基于 DFT 的数字水印算法在抵抗几何攻击上具有天然的优势（王奇胜等，2011），DFT 变换域地理空间矢量数据数字水印算法是变换域算法研究的一个重要方向。

本章在考虑地理空间矢量数据数字水印特性及数字水印攻击方式的基础上，运用基本的 DFT 变换域数字水印算法，通过放大 DFT 变换域系数，将数字水印信息嵌入到放大后的 DFT 变换域系数中，通过 DFT 逆变换得到含数字水印地理空间矢量数据，很好地控制了由数字水印嵌入引起的数据误差。

4.1　基于 DFT 的可控误差地理空间矢量数据盲数字水印算法

数字水印具有两个重要特征，即不可见性与鲁棒性（Yan et al.，2011）。不可见性要求数字水印嵌入地理空间矢量数据后引起的误差要尽可能小，由此导致的空间位置误差不易为用户感知。鲁棒性是指带数字水印的地理空间矢量数据在几何变换、数据编辑和数据格式转换等操作中能够保持数字水印信息的完整性。

传统的 DFT 变换域数字水印算法中，数字水印直接嵌入变换后的系数，导致地理空间矢量数据误差较大。针对此类算法的缺点，笔者提出了基于 DFT 的可控误差地理空间矢量数据盲数字水印算法。该算法的基本原理是通过放大 DFT 变换系数，将数字水印嵌入放大后的幅度系数和相位系数中；数字水印被多次嵌入；数字水印提取采用投票原则，无需原始载体数据的参与。试验表明，数字水印嵌入地理空间矢量数据引起的误差很小，算法对数据格式转换及常见的几何变换攻击具有很好的鲁棒性。

4.1.1　DFT 变换域数字水印算法的原理

文献（Solachidis et al.，2000；Kitamura et al.，2001；Solachidis and Pitas，2004；

王奇胜，2008；许德合，2008；赵林，2009；许德合等，2010；王奇胜等，2011；Lee et al.,2013）都是基于 DFT 的数字水印算法，这类算法的原理是选择图形的坐标点 v_k，得到顶点序列 $\{v_k\}[v_k=(x_k,y_k)]$。根据式（4.1），将 x_k 和 y_k 组合起来表示成一个复数序列 $\{a_k\}$：

$$a_k = x_k + iy_k \qquad (k=0,1,\cdots,N\text{-}1) \tag{4.1}$$

式中，N 为图形顶点数目。

对 $\{a_k\}$ 做 DFT 变换，根据式（4.1）得到离散傅里叶系数 $\{A_l\}$：

$$A_l = \sum_{k=0}^{N-1} a_k \left(e^{-i2\pi/N}\right)^{kl}, \ l\in[0,\ N-1] \tag{4.2}$$

$\{A_l\}$ 包含了幅度系数 $\{|A_l|\}$ 和相位系数 $\{\angle A_l\}$。通过使用不同的数字水印嵌入方法，数字水印可以嵌入到 DFT 变换后的幅度系数上，也可以嵌入到相位系数中。但是，数字水印直接嵌入变换后的系数中，会对原始载体数据产生较大影响，特别是相位系数的较小改变可能导致原始载体数据的较大改变，如图 4.1 所示。

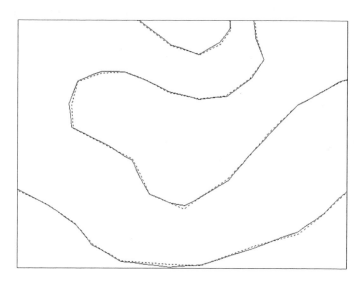

图 4.1　数字水印嵌入引起的数据误差

注：实线表示原始数据，虚线表示嵌入水印后数据

王奇胜等（2011）通过加法法则把数字水印信息嵌入 DFT 变换后的相位系数，对提取出的数字水印信息与原始数字水印信息进行对比，根据自相关检测系数判定是否含有数字水印信息。试验中选择嵌入强度 P=0.02~0.03，嵌入数字水印后，最大误差达到 2 个单位的坐标点有 1883 个。

　　许德合等（2010）通过量化方法把数字水印信息嵌入变换后的幅度系数中。在试验中，选取的量化步长是 50、100、200。量化步长为 50 时，最大误差达到 2 个单位，随着量化步长的增大，最大误差甚至超过了 3 个单位。这是因为算法将数字水印直接嵌入 DFT 变换后的幅度系数中，对原始载体数据产生了较大影响，引起了较大的误差。此外，DFT 变换后，幅度系数与原始载体数据的数值大小有关，幅度系数越小，直接量化嵌入幅度系数引起的坐标误差越大。

　　鉴于此，该算法将利用 DFT 变换的自身特点，设计一种可控误差的地理空间矢量数据盲数字水印算法。该算法既保证变换域数字水印的鲁棒性，又使得数字水印嵌入引起原始载体数据的误差较小，且实现盲检测。

4.1.2　误差控制原理

　　由于 DFT 本身就是一种浮点运算，不管是浮点型的地理空间矢量数据还是整数型的地理空间矢量数据，通过 DFT 变换后，幅度系数和相位系数都会以浮点数表示。DFT 变换中，浮点数采用 double 类型的数据，double 类型的数据有效位数为 15~16 位。为了满足不同地理空间矢量数据数字水印嵌入的需要，数字水印信息应合理嵌入到变换后系数的有效数据位部分。权衡数字水印的鲁棒性和数据的精度要求，一般选择 double 类型数据小数位的第 8~10 位嵌入数字水印。

　　具体实现步骤是对变换后的系数，放大 10^n 倍。n 根据 DFT 变换系数的大小自适应计算，并考虑数据的精度要求，计算出 n 的大小，从而控制了数字水印嵌入引起的误差范围。数字水印信息通过调整系数的量化区间，嵌入到放大后的幅度系数和相位系数中。由于系数是以浮点数存储，系数放大只是改变了指数值的大小，对底数（有效数据）不会有影响，因此，不会产生截断误差。同样，系数缩小后也不会产生误差。

4.1.3　数字水印嵌入与提取算法

　　在 DFT 数字水印算法中，数字水印信息既可以嵌入变换后的幅度系数，也可以嵌入变换后的相位系数。DFT 变换后，幅度系数具有平移和旋转不变性，相位系数具有平移和缩放不变性。因此，在幅度系数中嵌入数字水印，可以抵抗几何变换中的平移和旋转操作对数字水印的影响；在相位系数中嵌入数字水印，可以抵抗几何变换中的平移和缩放操作对数字水印的影响。为了能在几何变换操作中保证数字水印不受影响，本算法将数字水印独立嵌入幅度系数和相位系数中，并可以同时从幅度系数和相位系数中提取数字水印。为了实现盲数字水印，本算法采用区间量化方法嵌入数字水印。

傅里叶变换是一种全局变换，局部很小的修改就可以引起全部傅里叶系数的变化，导致其对局部修改没有鲁棒性（闵连权等，2009）。为了克服小范围的修改不至于引起全部傅里叶系数的变化，本算法把二维矢量地图基本图形对象作为一个独立的嵌入单位，个别图形对象的删除、修改操作不会影响其他图形对象中嵌入的数字水印信息。

为了能完整提取数字水印，地理空间矢量数据的坐标点数应不少于数字水印的比特数。当坐标点数较多时，数字水印可能被多次嵌入；提取数字水印时，采用投票原则，以使提取到的数字水印信息更加可靠。

（1）数字水印嵌入算法

数字水印的生成与嵌入具体过程如下。

Step 1：　数字水印的生成，读取原始二值数字水印图像，应用 Logistic 混沌变换来置乱数字水印图像；然后变换置乱后的数字水印图像为一维序列 $\{w_i=0,1|i=0,1,\cdots,M-1\}$，$M$ 为数字水印长度；

Step 2：　读取地理空间矢量数据，以几何对象（线对象或面对象）为单位进行数字水印信息的嵌入。读取几何对象的所有顶点坐标，根据式（4.1）产生复数序列 $\{a_k\}$；

Step 3：　对序列 $\{a_k\}$ 进行 DFT 变换，由式（4.2）得到变换后的 DFT 系数 $\{A_l\}$。该序列包括幅度系数 $\{|A_l|\}$ 和相位系数 $\{\angle A_l\}$；

Step 4：　将幅度系数 $\{|A_l|\}$ 和相位系数 $\{\angle A_l\}$ 分别放大 10^n 倍；

幅度系数放大的倍数需考虑幅度的数量级。假定量化值 $R=20$。如果直接嵌入幅度系数，数字水印嵌入引起的最大误差为 $R/2$；而通过放大系数 10^n 后，嵌入数字水印引起的误差就是原来的 $1/10^n$。n 是这样计算的：假如要求数字水印嵌入到幅度系数的第 9~10 位有效数据位中，可以通过 $n=9-\log10\,(|A_l|)$ 来计算出 n 的大小。而相位系数一般介于 $-\pi\sim\pi$，n 取 7~11 为宜。幅度系数和相位系数放大的倍数 n 不一定相同。

Step 5：　根据 QIM 量化嵌入法则对放大后的幅度系数 $\{|A_l|\}$ 和相位系数 $\{\angle A_l\}$ 嵌入数字水印数据，通过式（4.3）计算得出嵌入数字水印后的系数 A_l'；

$$A_l' = \begin{cases} A_l - R/2, & \text{若}\,w(i)=0\,\text{且}\,\mathrm{mod}(A_l,R) > R/2 \\ A_l, & \text{若}\,w(i)=0\,\text{且}\,\mathrm{mod}(A_l,R) \leqslant R/2 \\ A_l + R/2, & \text{若}\,w(i)=1\,\text{且}\,\mathrm{mod}(A_l,R) \leqslant R/2 \\ A_l, & \text{若}\,w(i)=1\,\text{且}\,\mathrm{mod}(A_l,R) > R/2 \end{cases} \tag{4.3}$$

式中，R 为量化值。

根据嵌入的数字水印是"0"还是"1"，将量化区间调整到所在区间或保持不变。如果嵌入数字水印为"0"，原来量化值大于 $R/2$，则需调整量化区间至 $[0, R/2]$，具体计算方法为系数值减去 $R/2$。

Step 6:　将嵌入数字水印后的傅里叶系数再缩小至原来的大小；

Step 7:　对 $\{A_l'\}$ 进行离散傅里叶逆变换，得到嵌入数字水印后的复数序列 $\{a_k'\}$；

Step 8:　根据序列 $\{a_k'\}$ 修改顶点坐标，得到嵌入数字水印后的地理空间矢量数据。

（2）数字水印提取算法

数字水印提取是数字水印嵌入的逆过程。具体如下。

Step 1:　读取待测数据，根据式（4.1）产生复数序列 $\{a_k'\}$；

Step 2:　对序列 $\{a_k'\}$ 进行 DFT 变换，得到离散傅里叶系数 $\{A_l'\}$；

Step 3:　对 $\{A_l'\}$ 幅度系数和相位系数分别放大 10^n 倍；

Step 4:　采用嵌入数字水印时的量化值 R，计算出系数所在的量化区间，各自提取出幅度系数水印和相位系数水印；

Step 5:　对提取到的两个一维数字水印序列，进行升维处理并反置乱，得到最终数字水印图像。

由于每一个数字水印位 $\{w(i)\}$ 可能被多次嵌入，因此，采用投票原则来确定数字水印信息。计算方法是定义一个与数字水印序列等长的整数序列 $\{B(i)=0, i=0,1,\cdots,M-1\}$，$M$ 为数字水印长度。单个数字水印位 $b'(i)$ 通过式（4.4）量化提取计算。

$$b'(i)=\begin{cases}-1, & 若 \mathrm{mod}(A_l,R)\leqslant R/2 \\ 1, & 若 \mathrm{mod}(A_l,R)>R/2\end{cases} \tag{4.4}$$

相同数字水印位提取过程中，使用式 $B(i)=B(i)+b'(i)$ 来统计出数字水印信息值–1 和 1 的多数，如"1"为多数，则 $B(i)>0$；然后根据式（4.5）来重构出二值数字水印图像。

$$w'(i)=\begin{cases}1, 若 B(i)>0 \\ 0, 若 B(i)\leqslant 0\end{cases} \tag{4.5}$$

4.1.4　试验及分析

为检验算法在不同地理空间矢量数据下的普遍适用性，用一幅 1：5000 境界线地图和一幅 1：400 万的全国地形图进行试验。数据格式为 ArcGIS 的 SHP 格式。前者要素层数据量约为 349KB，共有 20292 个坐标点；后者要素层数据量约为 1.33MB，共有 80965 个坐标点。试验中，将数字水印嵌入到点坐标数值有效位的第 9~10 位中。对两组数据嵌入数字水印后的误差进行了统计，并从嵌入数字水印后数据的可用性、不可见性、鲁棒性及误差控制等几个方面进行了分析。试验中用的数字水印是 64 像素×64 像素的二值数字水印图像，如图 4.2 所示。

图 4.2　原始水印图像

（1）数据的可用性

本算法中采用绝对误差和最大误差来统计评价数据精度，结果见表 4.1。

从表 4.1 可以看出，嵌入数字水印所引起的坐标数据绝对误差均很小。随着量化值 R 的增加，绝对误差逐步增加，最大误差也逐渐增加。因此，从绝对误差的分布及最大误差数值可以看出，该算法对数据精度影响较小。

（2）不可见性

取量化步长 R 为 20，在 1：5000 和 1：400 万两组不同比例尺数据下，嵌入数字水印前后局部放大效果如图 4.3 所示。从图上可以看出，嵌入数字水印前后图形几乎完全重合。此外，从数据绝对误差分析可以看出，嵌入数字水印后，最大误差远小于 1 个单位。用合理的系数放大后，数字水印会嵌入有效数据的中部。因此，可以看出，本算法具有很好的不可见性。

（3）鲁棒性

量化值 R 取 20，通过对 1：5000 含数字水印数据在无攻击、数据格式转换、平移、缩放和删除图形对象等情形下进行仿真试验，均能够很好地提取数字水印图像（表 4.2）。对 1∶400 万数据也进行同样的攻击试验，效果良好。在数据格式转换时，将嵌入数字水印的数据转换为 MapInfo 格式数据，再逆转为原格式数据，同样能够很好地提取数字水印信息。

表 4.1　不同 R 下数据绝对误差直方图及最大误差

数据＼R	4	20	50	100
1∶5000	（坐标点数目/10³，误差大小/10⁻⁴）	（坐标点数目/10³，误差大小/10⁻³）	（坐标点数目/10³，误差大小/10⁻³）	（坐标点数目/10³，误差大小）
最大误差	0.000336	0.0018	0.0046	0.0102
1∶400 万	（坐标点数目/10⁴，误差大小/10⁻⁷）	（坐标点数目/10⁴，误差大小/10⁻⁶）	（坐标点数目/10⁴，误差大小/10⁻⁶）	（坐标点数目/10⁴，误差大小/10⁻⁵）
最大误差	1.0×10^{-6}	4.0×10^{-6}	8.0×10^{-6}	1.9×10^{-5}

　　（a）1∶5000　　　　　　　　　　　　　（b）1∶400 万

图 4.3　嵌入水印前后局部放大效果比较

表 4.2　数字水印的鲁棒性

无攻击	格式转换	平移 5 个单位	旋转 10°	放大 2 倍	缩小 0.5 倍	50%图形
水数印字	水数印字	水数印字	水数印字	水数印字	水数印字	水数印字

试验中，在 50%的图形对象中仍然能够提取数字水印信息。这是因为在数字水印嵌入时，以图形对象为单位分别独立、多次嵌入，因此，删除部分图形对象后，从剩余图形对象中仍然能够提取到数字水印信息。

如果对图形对象内部随机删点后，则几乎无法提取到数字水印信息。这是由于 DFT 变换的局部性使得增加、删除点后，傅里叶变换系数会发生很大的变化，数字水印遭到破坏。

此外，R 在取值 4、10、20、50、100、200 情况下，做了如表 4.2 同样的试验。结果表明，在这个范围内，量化步长对数字水印的提取几乎没有影响。当 $R<4$ 或 $R>200$ 时，在无攻击的情形下，提取到的数字水印效果不好；如果 R 太小，量化提取区间不明显；R 较大，系数修改较大，提取时数字水印效果较差。

（4）误差控制

以 1∶5000 境界线地图数据为例，取 $R=20$，相位系数放大倍数为 10^{10} 保持不变情况下，分别以不同的放大倍数（表 4.3）进行试验。从表 4.3 可以看出，在合理的放大倍数下，均可以很好地提取到数字水印信息，并且能够控制最大误差。

表 4.3　放大倍数与最大误差

放大系数	10^3	10^6	10^9
提取数字水印信息	水数印字	水数印字	水数印字
最大误差	0.0079	7.0×10^{-6}	7.0×10^{-9}

4.1.5　算法说明

本节针对 DFT 变换的特点，提出了基于 DFT 的可控误差地理空间矢量数据盲数字水印算法。算法简单，易于实现，可适用于不同比例尺地理空间矢量数据数字水印嵌入。但是由于不同比例尺数据所允许的误差不同，在确保数据精度的同时，为了提高数字水印的鲁棒性，尽可能将数字水印嵌入到较高的有效数据位部分。通过仿真试验，可以看出算法具有很好的可用性、不可见性，同时对几何变换具有很好的鲁棒性，实践应用效果良好，是地理空间矢量数据版权保护的一种实用方法。

4.2　基于特征点的地理空间矢量数据盲数字水印算法

目前，就地理空间矢量数据数字水印而言，已经提出的一些可以抵抗几何攻击的数字水印方案主要分为三类。第一类方案是把数字水印嵌入到仿射变换不变子空间，常见的有 DFT 变换。该类算法的优点是不用矫正几何形变，但是，应用该算法对全部地理空间矢量数据坐标嵌入数字水印，只能抵抗旋转、缩放、平移攻击，对数据压缩、增点和裁剪等攻击鲁棒性不高。第二类方案是利用几何变换前后，坐标点和相邻坐标点之间的连线夹角保持不变，数字水印调制在该夹角（张弛等，2013）；或者利用坐标点前后线段长度的比值不变性，调制数字水印信息（杨成松等，2011）。该类算法的优点是能有效抵抗旋转、缩放、平移攻击，但是不能抵抗较强的数据压缩和增删点攻击。第三类方案是把坐标点从平面笛卡儿坐标转换为极坐标表示，极坐标中的角度和半径在某些几何变换中会保持不变，在角度和半径中嵌入水印（Mouhamed et al.，2012）。该类算法能有效抵抗旋转和缩放攻击，但对平移攻击，很难直接提取到数字水印信息。

DFT 变换域算法中，由于傅里叶变换是一种全局变换，局部很小的修改就可以引起几乎全部傅里叶系数的变化，这就导致了其对局部的修改没有鲁棒性（闵连权等，2009）。由于地理空间矢量数据的增加点、删除点、压缩和裁剪等操作都会引起数据的局部修改，可能会导致这类算法失效。但是，地理空间矢量数据的这些操作往往不会影响其特征点，可以说这些特征点是地理空间矢量数据最重要的部分，删除了特征点，地理空间矢量数据也就失去了使用的价值。因此，可以在特征点中嵌入数字水印，以增强数字水印的安全性。

本节将利用 D-P 方法，提取地理空间矢量数据特征点，设计一种基于 DFT 变换域的数字水印算法，数字水印嵌入特征点中。该算法既利用 DFT 变换域数字水印算法抵抗几何攻击的优势，又避免 DFT 变换域数字水印算法局部性的缺点，对增加点、删除点、压缩和裁剪等攻击具有较高的鲁棒性，且实现盲检测。

4.2.1　基于特征点的数字水印算法分析

鲁棒性对数字水印能否起到版权保护有着至关重要的意义，在某一方面鲁棒性不高的数字水印，就会导致数字水印被破坏或删除，数据将失去保护。地理空间矢量数据数字水印的有效攻击方式是指在不影响数据可用性的前提下，通过某种方式移除或破坏数字水印。一般来说，针对地理空间矢量数据的数字水印攻击方式有四类，即几何攻击、顶点攻击（增删点、简化、裁剪、压缩）、对象重排序攻击和噪声攻击（Niu et al.，2006）。这几种攻击方式包括了对数据正常操作引起的对数字水印的破坏，也包括人为恶意攻击以破坏或移除数字水印。因此，地理空间矢量数据鲁棒性数字水印算法，要考虑到以上各种攻击才能真正起到版权保护的作用。

王奇胜等（2011）应用 DFT 变换方法，选取部分地理空间矢量数据作为数字水印载体数据，并记录下数字水印嵌入位置，数字水印是通过加性法则嵌入，是一种非盲数字水印算法。该算法能够抵抗数据的几何变换，但是对数据增删点操作的鲁棒性不高。由于 DFT 具有全局性的特点，对数据的压缩会导致数字水印全部丢失。许德合等（2010）采用 DFT 变换域数字水印算法，数字水印嵌入全部坐标点上，通过量化嵌入数字水印，实现了数字水印的盲提取。该算法同样对数据的局部修改（如增删点等操作）不具有鲁棒性。

如果在数字水印嵌入时，提取出地图数据的特征点，只针对特征点嵌入数字水印，这样即使非特征点被压缩或删除掉，也不影响数字水印的提取。部分学者研究了基于特征点方式添加数字水印（朱长青等，2006；Yan et al.，2011；李强等，2011；张弛等，2013）。Yan 等（2011）根据地理空间矢量数据特点，分别选取点、线、面矢量图层，针对每一图层分别选取特征点，运用 LSB 空间域算法嵌入数字水印。朱长青等（2006）实现了一种抵抗压缩的矢量地图数据数字水印算法，该算法中，数字水印直接嵌入坐标点。李强等（2011）应用 D-P 方法，提取数据特征点，根据特征点坐标数值的奇偶性，嵌入数字水印。这几种算法都属于空间域数字水印算法，能够抵抗增删点和裁剪等类型的攻击，但是，对几何攻击几乎没有任何鲁棒性。张弛等（2013）把数据分为特征点和非特征点，并将数字水印嵌入非特征点上，是一种可逆数字水印算法。如果对数据进行压缩处理，首先被压缩掉的就是非特征点，非特征点的失去意味着数字水印信息的丢失，因此，该算法对数据压缩鲁棒性不高。

针对地理空间矢量数据数字水印攻击的特点，在数字水印嵌入前，应用 D-P

方法，提取地理空间矢量数据特征点，以特征点为载体，运用 DFT 变换域数字水印算法，数字水印通过量化方法嵌入 DFT 变换后的幅度系数和相位系数中，可以实现数字水印的盲提取。基于特征点的 DFT 变换域地理空间矢量数据盲数字水印算法，既可以利用 DFT 变换域数字水印算法对旋转、平移和缩放等几何变换具有鲁棒性的优点，又可以抵抗对数据 D-P 压缩和增删点等的攻击。

4.2.2　数字水印嵌入与提取算法

（1）特征点的提取

D-P 算法用来对大量冗余的图形数据点进行压缩以提取必要的特征点（Douglas and Peucker，1973）。特征点的提取流程如图 4.4 所示，算法的基本思路是对每一条曲线的首末点连一条直线，求出所有点与直线的距离，并找出最大距离值 d_{max}，用 d_{max} 与限差 D 相比：若 $d_{max}<D$，这条曲线上的中间点全部舍去；若 $d_{max} \geqslant D$，保留 d_{max} 对应的坐标点，并以该点为界，把曲线分为两部分，对这两部分重复使用该方法。

算法的特点是给定曲线与阈值后，抽样结果是一定的。通过 D-P 算法压缩以后，剩下的点即为特征点。

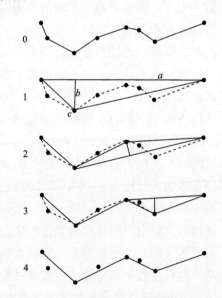

图 4.4　D-P 算法对特征点的提取流程示意图

（2）数字水印的嵌入算法

数字水印的嵌入过程如图 4.5 所示。

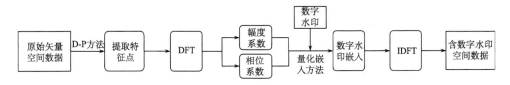

图 4.5　数字水印嵌入过程

注：IDFT（Inverse discrete Fourier transform）指离散傅里叶逆变换

　　为了减小数字水印信息在空间域上的相关性，增强数字水印信息在提取时的安全性，数字水印嵌入之前，首先需要对水印信息进行置乱处理。本算法应用 Logistic 混沌变换来置乱数字水印图像（Pareek et al., 2006）。混沌变换的初始值可以作为数字水印信息提取的密钥。变换置乱后的数字水印图像为一维序列 $\{w_i=0,1|i=0,1,\cdots,M-1\}$，$M$ 为数字水印长度。

　　水印的嵌入算法流程如下。

　　Step 1：　读取地理空间矢量数据，以几何对象（线对象或面对象）为单位进行数字水印信息的嵌入，应用 D-P 方法提取几何对象的特征点。为了最大程度上抵抗 D-P 压缩攻击，在数据可用性允许的前提下，尽可能使用最大阈值提取特征点。读取特征点坐标，根据式（4.6）产生复数序列 $\{a_k\}$；

$$a_k = x_k + iy_k \qquad (k=0,1,\cdots,N-1) \qquad (4.6)$$

式中，x_k, y_k 为特征点坐标值；N 为特征点数目。

　　Step 2：　对序列 $\{a_k\}$ 进行 DFT 变换，变换后的 DFT 系数 $\{A_l\}$。该序列包括幅度系数 $\{|A_l|\}$ 和相位系数 $\{\angle A_l\}$；

　　Step 3：　为了减小数字水印嵌入对数据精度的影响，数字水印一般嵌入变换后系数的小数位部分，最好是嵌入小数点第 10 位以后。因此，对幅度系数 $\{|A_l|\}$ 和相位系数 $\{\angle A_l\}$ 分别放大 10^{12} 倍；

　　Step 4：　应用量化嵌入方法对放大后的幅度系数 $\{|A_l|\}$ 和相位系数 $\{\angle A_l\}$ 嵌入数字水印。通过式（4.7）计算得出嵌入数字水印后的系数 A'_l，其中，R 为量化值；

$$A_l' = \begin{cases} A_l - R/2, & \text{若}\, w(i) = 0\text{且}\mathrm{mod}(A_l,\ R) > R/2 \\ A_l, & \text{若}\, w(i) = 0\text{且}\mathrm{mod}(A_l,\ R) \leqslant R/2 \\ A_l + R/2, & \text{若}\, w(i) = 1\text{且}\mathrm{mod}(A_l,\ R) \leqslant R/2 \\ A_l, & \text{若}\, w(i) = 1\text{且}\mathrm{mod}(A_l,\ R) > R/2 \end{cases} \tag{4.7}$$

数字水印位与变换系数之间的映射 i 通过函数 mod（$\mathrm{H}A_l, M$）计算，其中，$\mathrm{H}A_l$ 为由系数 A_l 的最高有效位部分构成的整数，M 为一维化后数字水印的长度。

Step 5: 将嵌入数字水印后的傅里叶系数再缩小至原来的大小；

Step 6: 对 $\{A_l\}$ 进行离散傅里叶逆变换，得到嵌入数字水印后的复数序列 $\{a_k'\}$；

Step 7: 根据序列 $\{a_k'\}$ 修改相应特征点坐标，得到嵌入数字水印后的地理空间矢量数据。

（3）数字水印的提取算法

数字水印提取是数字水印嵌入的逆过程。具体如下。

Step 1: 读取待测数据，应用 D-P 方法提取特征点；

Step 2: 根据式（4.6）产生复数序列 $\{a_k'\}$；

Step 3: 对序列 $\{a_k'\}$ 进行 DFT 变换，得到离散傅里叶系数 $\{A_l'\}$；

Step 4: 对 $\{A_l'\}$ 幅度系数和相位系数分别放大 10^{12} 倍；

Step 5: 采用嵌入数字水印时的量化值 R，计算出系数所在的量化区间，各自提取出幅度系数数字水印和相位系数数字水印；

Step 6: 对提取到的两个一维数字水印序列，变换为二维图像并反置乱，得到最终数字水印图像。

4.2.3 试验及分析

为了评价数字水印算法的性能，选用一幅 1∶400 万的中国地图进行试验。数据格式为 ArcGIS 的 SHP 格式，WGS84 地理坐标系，单位为度。该图具有 1785 个要素，数据量约为 1.33MB，共有 80965 个坐标点。试验中，将数字水印嵌入到傅里叶系数小数点后第 10 位以后。应用 D-P 方法提取特征点，阈值取 0.02。采用量化方法嵌入数字水印时，量化值 $R=40$。对嵌入数字水印后的数据进行了误差统计，并从数字水印的不可见性及鲁棒性进行了分析。试验中的数字水印是 32 像素×64 像素的二值数字水印图像，如图 4.6（a）所示。图 4.6（b）是运用 Logistic 混沌置乱后的数字水印图像。

(a) 原始二值数字水印图像　　　(b) Logistic 混沌置乱后的数字水印图像

图 4.6　数字水印信息

（1）误差及不可见性分析

算法中采用 RMSE 和最大误差等指标评价数字水印嵌入对地理空间矢量数据精度的影响大小。统计结果见表 4.4。

表 4.4　RMSE 和最大误差统计表

数据点数	特征点数	RMSE	最大误差
80965	10961	4.867×10^{-12}	2.704×10^{-11}

$$\mathrm{RMSE} = \sqrt{\frac{\sum d_i^2}{N}}$$ ，$i=1,2,\cdots,N$，N 为含数字水印坐标点的个数；d_i 为原始数据坐标点与含数字水印数据坐标点之间的绝对误差，$d_i = \sqrt{\Delta x^2 + \Delta y^2}$ ；Δx、Δy 分别为 X 方向、Y 方向的误差。

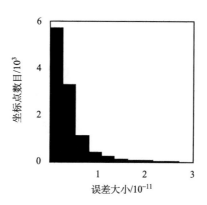

图 4.7　误差分布直方图

从表 4.4 中可以看出，嵌入数字水印所引起的 RMSE 为 4.867×10^{-12} 个单位，最大误差为 2.704×10^{-11} 个单位。从图 4.7 中可以看出，98% 的数据误差小于 1×10^{-11}，这是因为，该算法通过放大傅里叶变换系数，数字水印量化嵌入放大后系数的末尾。因此，嵌入数字水印后引起的数据误差很小，可见该算法对数据精度影响较小。

通过对数字水印嵌入前后，数据可视化叠加对比，并局部放大显示如图 4.8 所示。从图中可以看出数字水印嵌入前后视觉上没有明显的差别。从表 4.4 及图 4.7 的误差分析数据来看，数字水印嵌入引起的最大误差及 RMSE 都很小，因此，数字水印具有很好的不可见性。

(a) 嵌入数字水印前后数据可视化叠加对比　　　　　　　(b) 叠加后局部放大图

图 4.8　可视化比较

（2）鲁棒性分析

对提取到的数字水印图像与原始数字水印图像通常用相关系数来评价其相似性，计算公式如下：

$$NC = \frac{\sum_{i=1}^{i=M}\sum_{j=1}^{j=N}XNOR\big(w(i,\ j),w'(i,\ j)\big)}{M \times N} \tag{4.8}$$

式中，$M \times N$ 为数字水印图像的大小；$w(i,j)$ 为原始数字水印信息；$w'(i,j)$ 为提取的数字水印信息；XNOR 为异或非运算。

1）几何攻击。由表 4.5 可以看出，在经过旋转、平移攻击后，数字水印的提取基本不受影响。这是由于数字水印信息是嵌入傅里叶变换后的系数中，傅里叶变换的幅度系数不受旋转操作的影响，而傅里叶变换的幅度系数和相位系数均不受平移操作的影响。因此，数字水印对这两种攻击具有很好的鲁棒性。而对缩放攻击，在经过缩放操作以后，要想提取原来的特征点，则应对 D-P 算法的阈值进行相应的缩放。如果能在矢量地图缩放操作以后获取其缩放因子,在数字水印提取时对特征点提取阈值乘以该缩放因子,则能有效解决该问题。

表 4.5 几何攻击的鲁棒性(平移单位为米)

攻击类型	(X,Y) 平移 5	旋转 5°	平移 5 且旋转 5°
数字水印	水印	水印	水印
NC	1	1	1

2)增、删点及裁剪攻击。从表 4.6 中可知,对含数字水印数据增加顶点 2 倍多后,依然能够很好地提取数字水印信息。因为增加顶点后,并不影响原来数据的特征点。但是对随机删除少量的顶点操作,可以提取 90%以上的数字水印信息,然而随着删除顶点数目的增多,提取到的数字水印质量迅速下降。这是由于 DFT 算法依赖于原坐标点及坐标点的个数,删除点后,要素中坐标点的个数发生了变化,DFT 变换的系数必然发生变化,因此,删除较多坐标点后,不能正确地提取到数字水印信息。对地理空间矢量数据的裁剪试验结果表明,裁剪后从剩余要素中依然能够较好地提取数字水印信息。

表 4.6 增、删点及裁剪攻击的鲁棒性

攻击类型	增加点至 164258	随机删除 1%点	随机删除 5%点	随机删除 10%点	裁剪剩余 952 个要素	裁剪剩余 141 个要素
数字水印	水印	水印	水印	水印	水印	水印
NC	1	0.93	0.68	0.59	0.92	0.78

3)D-P 压缩及要素删除攻击。从表 4.7 中可知,对含数字水印数据进行 D-P 压缩试验,在不超过特征点提取阈值 0.02 的前提下,均能很好地提取数字水印信息;而当压缩阈值超过了特征点阈值后,无法提取到数字水印信息。这是因为在特征点提取阈值范围内,压缩前后特征点保持不变,而超过了这一阈值,特征点就会变化,因此,无法提取数字水印信息。每一个要素的特征点中均含有数字水印信息,数字水印亦被多次嵌入数据,因此,部分要素的删除,不会对数字水印信息造成太大的破坏。

表 4.7　D-P 要素压缩、删除攻击的鲁棒性

攻击类型	压缩阈值 0.001	压缩阈值 0.01	压缩阈值 0.02	压缩阈值 0.03	删除10%要素	删除20%要素	删除50%要素
数字水印	水印	水印	水印	（乱码图像）	水印	水印	水印
NC	1	1	1	0.51	1	0.99	0.92

　　4）组合攻击。对含数字水印数据进行了多种组合攻击试验，结果表明，在上述三种类型的攻击中具有鲁棒性的任何多种组合攻击下，该算法均能够提取数字水印信息。

　　另外，对坐标排序、要素排序攻击进行了试验，数字水印的嵌入不依赖于坐标点顺序及要素顺序，因此，数字水印的提取不受影响。当含数字水印的地理空间矢量数据从一种格式转换成另一种格式后，无法直接提取数字水印信息，需要转换到原来的地理空间矢量数据格式后，才可以提取数字水印信息。对图 4.7 含数字水印数据进行试验，从 SHP 格式转换为 ArcGIS coverage 或 CAD 格式后，再从 coverage 或 CAD 格式转为 SHP 格式，完全可以提取到数字水印信息。两种不同数据格式的地理空间矢量数据在进行格式转换时，由于两者数据结构、存储方式、单位和精度等的差异，转换后的数据会产生微小的差异，这个差异对数字水印信息的提取影响很小。

　　本算法与朱长青等（2006）、李强等（2011a）的算法比较结果见表 4.8，"×"表示对该类型攻击没有鲁棒性，"√"表示具有鲁棒性。试验得出本算法在鲁棒性方面明显优于朱长青等（2006）、李强等（2011a）的算法，并且能够实现数字水印的盲提取，具有较好的实用性。由于本算法用到了变换域 DFT 算法，因此，在抵抗几何变换攻击方面具有明显的优势。

表 4.8　本算法与朱长青等（2006）、李强等（2011a）算法鲁棒性比较

算法类型	盲提取	压缩	修改顶点	旋转	缩放	平移
朱长青等（2006）	×	√	×	×	×	×
李强等（2011）	×	√	√	×	×	×
本算法	√	√	√	√	√	√

4.2.4　算法说明

　　针对地理空间矢量数据数字水印攻击的特点，提出了基于特征点的地理空间矢量数据盲数字水印算法。该算法利用了 DFT 变换域数字水印算法在几何攻击方面的鲁棒性优势，通过在特征点中嵌入数字水印，克服了增、删点攻击对 DFT 变化域数字水印算法的影响。在数字水印嵌入时，通过放大 DFT 变换系数，大大减小数字水印嵌入引起的误差。通过数字水印量化嵌入，实现了盲提取。试验分析表明，该算法具有很好的不可见性，数字水印嵌入误差小，能够抵抗多种组合攻击，对地理空间矢量数据数字水印算法的研究和应用具有一定的指导作用。

4.3　一种网格划分的点数据 DFT 变化域盲数字水印算法

　　现有的 DFT 变换域数字水印算法绝大部分是针对线图层或面图层数据设计，不能直接应用于点图层。线图层或面图层由许多要素组成，每个要素都是由一串有序数对 (x,y) 表示，记为 (x_0,y_0)，(x_1,y_1)，…，(x_n,y_n)，其中，(x_0,y_0) 是起始点，(x_n,y_n) 是终点；而点图层数据由很多点要素组成，每一个要素只有一个独立的点，用 (x,y) 表示，要素的存储是无序的。虽然，部分空间域数字水印算法可以应用于点图层的数字水印嵌入，但是地理空间矢量数据数字水印可能会受到顶点攻击（增加、删除、修改顶点）、几何变换攻击、噪声攻击及投影或坐标系变换攻击等，空间域数字水印算法除对顶点攻击具有一定的鲁棒性外，对其他几种攻击几乎没有鲁棒性（孙建国，2012）。变换域数字水印算法通常用于线图层或面图层数据，具有较好的鲁棒性，此类算法不能直接用于地理空间矢量点类型数据。

　　针对该问题，应用网格划分的方法，将地理空间矢量点类型数据划分为独立的单元格，以单元格为单位，应用 DFT 变换，采用量化方法嵌入数字水印，实现数字水印信息的盲提取。

4.3.1　数字水印算法

（1）DFT 变换域数字水印算法

　　基于离散傅里叶变换自身具有平移、旋转和缩放等不变性的特点，而含数字水印地理空间矢量数据可能会受到几何变换的攻击，因此，基于 DFT 的数字水印算法在抵抗几何变换攻击上有很大的优势。这类算法选择图形的坐标点 v_k，得到顶点序列记为$\{v_k\}[v_k=(x_k,y_k)]$，根据式（4.9），将x_k和y_k组合起来表示成一个复数序列$\{a_k\}$：

$$a_k = x_k + iy_k \quad (k=0,1,\cdots,N-1) \quad (4.9)$$

式中，N为图形顶点数目。

然后对复数序列$\{a_k\}$做DFT变换，由式（4.10）得到离散傅里叶系数$\{A_l\}$：

$$A_l = \sum_{k=0}^{N-1} a_k \left(e^{-i2\pi/N}\right)^{kl}, l \in [0, N-1] \quad (4.10)$$

系数$\{A_l\}$分为幅度系数$\{|A_l|\}$和相位系数$\{\angle A_l\}$，根据不同的数字水印嵌入方法，数字水印同时嵌入到DFT的幅度系数和相位系数中。然而，如果把全部的点坐标按照式（4.9）构成复数序列，再进行DFT变换，并将数字水印嵌入到DFT变换域系数中，虽能抵抗几何变换的攻击，但是删除、增加、修改部分点后，DFT变换系数会发生很大的变化，难以提取到数字水印信息。由于傅里叶变换是一种全局变换，局部很小的修改就可以引起全部傅里叶系数的变化，导致了其对局部修改没有鲁棒性。因此，算法中将点数据按照空间位置，划分为较小的网格，以网格为单位实施数字水印嵌入，克服DFT算法中部分数据点的修改引起全部数字水印信息破坏的问题。

（2）网格划分

为了克服局部修改引起DFT变换域数字水印算法失效的问题，采用网格划分的方法将点数据划分成不同的网格单元。读取原始点地理空间矢量数据，找出坐标点的极值，即(X_{min}, X_{max})、(Y_{min}, Y_{max})，把整个空间点群均分为n等分的网格，划分方法如图4.9所示.

算法中采用估算法确定n的大小。p_{count}为矢量点总数；p_n为划分后每个单元格内坐标点的数量，要求每个单元格内坐标点数量不少于p_n，即$\frac{p_{count}}{n^2} \geqslant p_n$，可以推出，$n \leqslant \sqrt{\frac{p_{count}}{p_n}}$，取$n = \sqrt{\frac{p_{count}}{p_n}}$。

（3）数字水印的生成

数字水印信息分为有意义数字水印和无意义数字水印，其中，有意义数字水印又可以分为图像数字水印与文字数字水印。无意义数字水印与文字数字水印适合小数据量数据，而图像数字水印比较形象直观，即使部分信息遭到破坏，仍然可以显示出来，因此，采用图像作为数字水印信息。在进行数字水印嵌入前，需

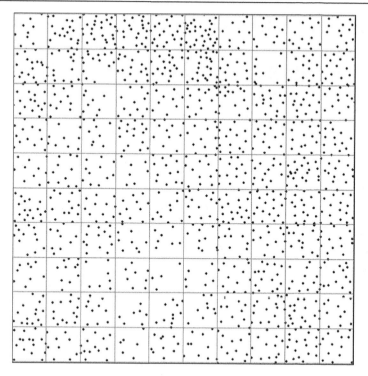

图 4.9　网格划分示意图

要对数字水印图像进行二值化处理，如图 4.10（a）所示，数字水印大小为 32 像素×64 像素。为了消除数字水印图像的相关性，增强数字水印的安全，应用 Logistic 混沌置乱原始数字水印图像，将图 4.10（a）置乱后得到置乱图像 Swl，如图 4.10（b）所示，转换 Swl 为一维序列 $\{w_i\}$，$i=1,\cdots,M$，M 为数字水印长度。

水印　　　　

（a）原始数字水印　　　（b）Logistic 混沌置乱后数字水印

图 4.10　原始水印图像

（4）数字水印的嵌入过程

本算法以网格为数字水印嵌入单元。每一个单元格中的点用集合 V_0 表示为

$$V_0=\{v_i\};\qquad v_i=(x_i,y_i)\ i=1,2,\cdots,N$$

式中，v_i 为每一个坐标点；(x_i,y_i) 为点的两个坐标值；N 为顶点的个数。

数字水印嵌入的具体流程如下。

Step 1:　读取地理空间矢量数据，提取单元格内所有坐标点，根据式（4.9）产生复数序列$\{a_k\}$；

Step 2:　对序列$\{a_k\}$进行 DFT 变换，由式（4.10）得到变换后的 DFT 系数$\{A_l\}$，该序列包括幅度系数$\{|A_l|\}$和相位系数$\{\angle A_l\}$；

Step 3:　在幅度系数$\{|A_l|\}$和相位系数$\{\angle A_l\}$中分别采用量化方法嵌入数字水印，具体嵌入方法如下，

1）计算 Hash（x）的值 i，x 为载体数据，Hash（x）函数为 x 值与数字水印比特之间的映射函数，Hash（x）$=x\%M+1$；

2）提取待嵌入数字水印位 w（i）（$1 \leqslant i \leqslant M$），$w$ 为置乱后的数字水印，M 为数字水印的长度；

3）应用 QIM 方法，在 x 中嵌入数字水印，通过式（4.11）计算出嵌入数字水印后的数据 x'，R 为量化值。

$$x'=\begin{cases} x-R/2, & \text{若}w(i)=0\text{且}\mathrm{mod}(x,R)>R/2 \\ x, & \text{若}w(i)=0\text{且}\mathrm{mod}(x,R)\leqslant R/2 \\ x+R/2, & \text{若}w(i)=1\text{且}\mathrm{mod}(x,R)\leqslant R/2 \\ x, & \text{若}w(i)=1\text{且}\mathrm{mod}(x,R)>R/2 \end{cases} \tag{4.11}$$

Step 4:　对$\{A_l\}$进行离散傅里叶变换逆变换，得到嵌入数字水印后的复数序列$\{a'_k\}$；

Step 5:　根据序列$\{a'_k\}$修改顶点坐标，得到嵌入数字水印后的地理空间矢量数据。

在数字水印嵌入过程中，使用 Hash 函数建立 DFT 变换后系数的较高有效位部分（此部分不会嵌入数字水印）与数字水印比特（1~M）的映射关系。通过放大 DFT 变换系数，使数字水印嵌入到数值的较低有效位部分，这样就会大大减小数字水印嵌入引起的误差。同样在嵌入数字水印后还需缩小 DFT 系数。

DFT 变换域数字水印算法不适合于在数据量太小的数据中嵌入数字水印，当单元格中点的数量小于 3 时，该单元格中不会嵌入数字水印。

（5）数字水印的提取过程

数字水印提取时同样需要对点数据进行网格划分，划分方法与数字水印嵌入前网格划分方法完全相同。由于幅度系数和相位系数中数字水印独立嵌入，因此，在提取数字水印时，应分别提取。定义两个与数字水印序列等长的序列 $w_a=\{w_a$（i）| $i=1,2,3,\cdots,M\}$，初始化 w_a（i）$=0$；$w_p=\{w_p$（i）| $i=1,2,3,\cdots,M\}$，初始化 w_p

（*i*）=0；w_a 保存由幅度系数提取到的数字水印，w_p 保存由相位系数提取到的数字水印。数字水印提取算法具体过程如下。

Step 1：　以单元格为单位，读取提取单元格内所有坐标点，根据式（4.9）产生复数序列 $\{a'_k\}$；

Step 2：　对序列 $\{a'_k\}$ 进行 DFT 变换，得到 DFT 变换系数 $\{A'_l\}$；

Step 3：　通过 Hash（）函数，计算出 *i*（*i* 是数字水印的位置）；

Step 4：　通过 QIM 方法提取数字水印位 *w*（*i*）的值，*R* 取数字水印嵌入时的量化值；

Step 5：　对提取到的一维数字水印序列，进行升维处理并反置乱，得到最终数字水印图像。

在数字水印嵌入中，数字水印被多次嵌入，因此，采用投票原则来确定数字水印信息。计算方法是定义一个与数字水印序列等长的整数序列 $\{B（i）=0,$ *i*-1,…,*M*}，*M* 为数字水印长度。单个数字水印位 $b'(i)=\{1,-1\}$，相同数字水印位提取过程中，使用式 *B*（*i*）= *B*（*i*）+ $b'(i)$ 来统计出数字水印信息值 -1 和 1 的多数，如 "1" 为多数，则 $B(i)>0$；然后根据公式（4.12）来重构出二值数字水印图像。

$$w'(i)=\begin{cases}1,若B(i)>0\\0,若B(i)\leqslant 0\end{cases} \tag{4.12}$$

4.3.2　试验及分析

试验选用某地区 1∶5000 高程点，数据格式为 ArcGIS 的 SHP 格式，共有 105659 个高程点，划分为 100×100 固定大小的网格。试验中对嵌入数字水印后的数据进行了误差分析，并对数字水印在多种攻击方式下的鲁棒性进行了测试。试验中的数字水印是 32 像素×64 像素的二值数字水印图像，如图 4.10（a）所示。

该算法采用最大误差评价数字水印嵌入对地理空间矢量数据精度的影响。

Max Error = Max（d_i），i=1,2,…,*N*，*N* 为含数字水印坐标点的个数；d_i 为原始数据坐标点与含数字水印数据坐标点之间的绝对误差，$d_i=\sqrt{\Delta x^2+\Delta y^2}$；$\Delta x$、$\Delta y$ 分别为 *X* 方向、*Y* 方向的误差。

对提取到的数字水印图像与原始数字水印图像通常用相关系数来评价其相似性，计算公式如下：

$$NC=\frac{\sum_{i=1}^{i=M}\sum_{j=1}^{j=N}XNOR(w(i,\ j),w'(i,\ j))}{M\times N} \tag{4.13}$$

式中，$M \times N$ 为数字水印图像的大小；$w(i,j)$ 为原始数字水印信息；$w'(i, j)$ 为提取的数字水印信息；XNOR 为异或非运算。

（1）误差分析

试验中对该高程点数据中嵌入数字水印后的误差进行了统计，最大误差为 4.29×10^{-6}。图 4.11 是含数字水印数据与原始数据叠加后局部放大在 1：2000 比例尺下的对比图。从图中可以看出，含数字水印数据偏移很小。采用 QIM 方法进行数字水印嵌入时，如果量化值 R 太大，将会导致数据误差太大；如果 R 太小，数字水印的鲁棒性差，则难以提取到数字水印信息。通过试验分析，R 取值为 20~100，可以很好地提取到数字水印信息，试验中 R 取 40。本算法将数字水印嵌入到放大后的 DFT 变换系数，通过选择不同的放大倍数控制数字水印嵌入引起的误差大小。在该试验中取放大倍数为 10^7。

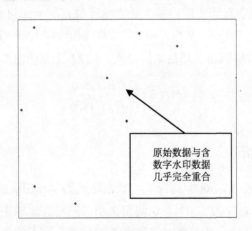

原始数据与含
数字水印数据
几乎完全重合

图 4.11　含数字水印数据与原始数据叠加图

（2）鲁棒性分析

为了测试该数字水印算法的鲁棒性，试验中对含数字水印数据进行了顶点增加、删除、修改操作，在顶点变化数量不超过 10%情况下，提取的数字水印 NC 值均大于 0.98（图 4.12）。对大面积的数据裁剪试验，该算法表现出较好的鲁棒性（图 4.13），裁剪掉大块区域数据后，剩余 42040 个高程点，仍然可以很好地提取数字水印信息。DFT 变化域数字水印算法对平移和缩放等几何变换攻击具有优势，因此，本算法对平移、缩放几何变换具有比较好的鲁棒性，在这几种攻击中，数字水印提取不受影响（图 4.14、图 4.15）。在抵抗噪声攻击方面，对含数字水印数据叠加–80dB 的高斯噪声，如图 4.16 所示，提取到的数字水印信息 NC 值为 0.88。测试结果见表 4.9，该数字水印算法对上述几种攻击方法鲁棒性较好。

（a）增加 10%顶点　　（b）删除 10%顶点

图 4.12　顶点攻击

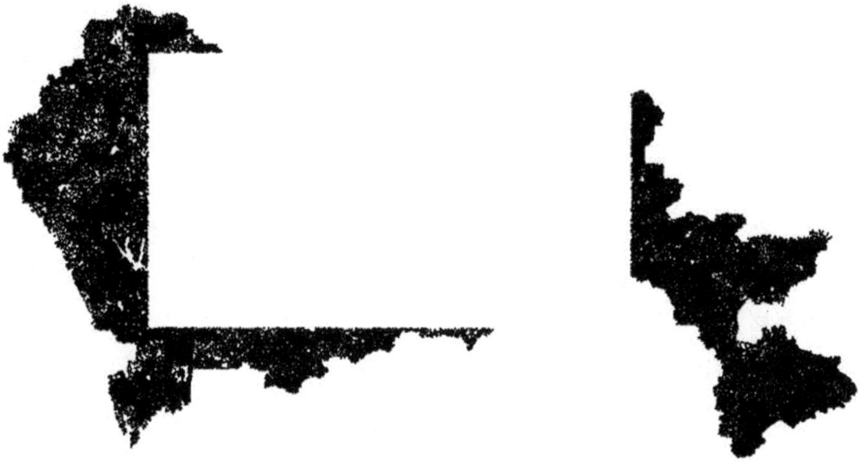

图 4.13　裁剪攻击

（a）数据平移　　（b）局部放大

图 4.14　平移攻击

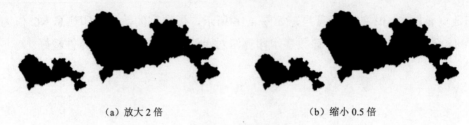

　(a) 放大 2 倍　　　　　　　　　　　　(b) 缩小 0.5 倍

图 4.15　缩放攻击

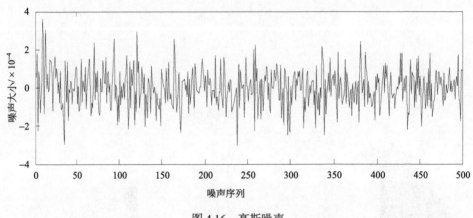

图 4.16　高斯噪声

　　另外，该算法不依赖于地理空间矢量数据的存储顺序，因此，算法对重排序攻击鲁棒性高。试验验证了顶点重排序后，数字水印提取完全不受影响。

　　对数据格式转换攻击，试验验证了从 SHP 格式转换到 CAD 或 coverage 格式后，再转换回 SHP 格式后，该算法仍然可以很好地提取数字水印信息（表 4.9）。

表 4.9　数字水印的鲁棒性

攻击类型	攻击强度	数字水印	NC
增加顶点	10%	水印	0.98
删除顶点	10%	水印	0.98
修改顶点	5%	水印	1
裁剪	图 4.13	水印	1

攻击类型	攻击强度	数字水印	NC
平移	图 4.14	水印	1
放大	图 4.15（a）	水印	1
缩小	图 4.15（b）	水印	1
重排序		水印	1
格式转换	CAD 及 coverage 格式	水印	1
高斯噪声	−80dB	水印	0.88

4.3.3　算法说明

本节针对地理空间矢量数据难以直接应用变换域数字水印算法的缺陷，提出了以数据框为界限，将点数据逻辑地划分到网格，以网格内点数据为数字水印嵌入单元，应用鲁棒性较高的 DFT 变化域数字水印算法嵌入数字水印，算法中通过放大变换系数的方法，将数字水印信息嵌入变换系数的较低有效位部分，很好地控制了数字水印嵌入引起的误差大小。数字水印检测时，不需要原始载体数据的参与，是一种盲数字水印算法。通过仿真试验，可以看出算法具有很好的可用性、不可见性，同时对多种攻击具有很好的鲁棒性，是地理空间矢量点类型数据数字水印版权保护的一种实用方法，该算法也可以应用于线或面地图数据的数字水印嵌入。

4.4　本 章 小 结

本章对地理空间矢量数据 DFT 变换域数字水印算法进行了深入研究。

首先对 DFT 变换域数字水印算法引起的数据误差进行深入分析,针对此类算法中数字水印嵌入引起地理空间矢量数据误差较大的缺点，通过放大处理 DFT 变换系数，将数字水印嵌入放大后的幅度系数和相位系数中，然后缩小系数，通过 DFT 逆变换得到含数字水印数据，试验表明，数字水印嵌入地理空间矢量数据引起的误差很小，而且容易控制误差大小，算法对数据格式转换及常见的几何变换攻击具有很好的鲁棒性，但算法对顶点攻击不具备鲁棒性。

    进一步地，对地理空间矢量数据在顶点攻击中，数据的变换特征进行了研究分析，应用 D-P 算法提取地理空间矢量数据的特征点，并将数字水印嵌入特征点数据中，实现了一种基于特征点的 DFT 变换域盲数字水印算法。试验表明，该算法不可见性好，数字水印嵌入误差小，既能抵抗顶点攻击，又能抵抗几何变换攻击。

    最后，提出了一种网格划分的点数据 DFT 变换域盲数字水印算法，对无序、离散的地理空间矢量点类型数据按照空间位置划分到固定网格，应用了 DFT 变换域数字水印算法，因此，算法对几何变换攻击具有较好的鲁棒性。

第5章　多技术融合的地理空间矢量数据数字水印技术

目前地理空间矢量数据鲁棒数字水印算法大多采用单一数字水印技术，每一种数字水印技术都是基于一种算法来实现。地理空间矢量数据采用单一数字水印技术，往往不能抵抗多种不同类型的攻击。目前为止，没有哪一种数字水印技术可以抵抗所有的数字水印攻击（朱长青，2014）。因此，基于多种数字水印方法的组合，采取不同的数字水印技术手段，取长补短，进行有效的组合，来防范不同的数字水印攻击，是行之有效的数字水印研究方向之一。

5.1　地理空间矢量数据多重数字水印特点分析

空间域数字水印算法是直接在地理空间矢量数据上嵌入数字水印，具有数字水印容量大、算法简单和对顶点攻击的鲁棒性好等特点。变换域数字水印算法首先把地理空间矢量数据通过数学变换（如 DWT、DCT 和 DFT 等），然后将数字水印信息嵌入变换后的系数中。这类算法对噪声攻击的鲁棒性较强，部分算法能够抵抗几何变换的攻击，但是对顶点攻击有明显的弱势。

鲁棒数字水印主要用于数字产品的版权保护，因此，鲁棒性对数字水印能否起到版权保护作用有着至关重要的意义。单重数字水印抵抗某种数字水印攻击的劣势就会导致数字水印被破坏或删除，不能满足实际应用的需求，于是，多重数字水印技术应用而生。

目前，已有部分学者开始地理空间矢量数据多重数字水印算法的研究。车森和邓术军（2008）提出了一种基于双重网格的数字水印算法，该算法通过双重网格划分，将数字水印信息分散隐藏到节点坐标的最低有效位上。孙建国等（2010）提出了一种静态双重数字水印算法，利用版权信息构造版权子水印，同时，对矢量地图进行域划分构造特征子水印，并将身份子水印嵌入特征子水印中形成静态双重水印。该算法具有较好的鲁棒性，子水印的互认证机制使得算法对解释攻击具有突出的鲁棒性能。李强等（2011b）提出了一种通过数字水印嵌入时生成附加信息的方式来进行数字水印多重嵌入的解决方案，通过比对生成的附加信息而不是原始载体数据来检测数字水印信息。但是对特定的含数字水印地图数据要与其对应的附加文件共同提取数字水印信息。

多重数字水印是指在同一个载体中以多种方式嵌入多个数字水印的技术，它将多个数字水印标识通过多种方式嵌入到载体中，从不同方面提高了数字水印的鲁棒性和安全性（鲁芳，2005）。

地理空间矢量数据多重数字水印嵌入中可能存在以下问题。

（1）多次嵌入数字水印信息，不论是采用相同还是不同的嵌入算法，经过多重数字水印嵌入后，根据嵌入数字水印的前后顺序不同，先嵌入的数字水印很难被提取出来。

（2）在地理空间矢量数据中嵌入多重数字水印，将会对原始地理空间矢量数据造成更大的改变，数字水印嵌入引起的误差增大。

（3）多重数字水印嵌入中，如果算法效率不高，实用性不强。就地理空间矢量数据数字水印算法而言，空间域数字水印算法通常简单、易操作，数字水印嵌入量较大，能够抵抗增加点、删除点和裁剪等攻击，但抵抗几何攻击和噪声等攻击方面效果较差；某些变换域数字水印算法刚好相反，变换域数字水印算法在顶点增加、删除方面鲁棒性差，但在抵抗几何攻击方面又具有很好的优点。综合以上分析，空间域和变换域相结合的数字水印算法具有比单重数字水印明显的优势。为了在实际应用中数字水印检测的方便，盲数字水印比非盲数字水印具有一定的优势。因此，本章将结合空间域和变换域数字水印算法的特点，提出针对地理空间矢量数据的多重数字水印算法，以提高数字水印算法的鲁棒性，并且实现盲检测。

5.2　一种多重数字水印嵌入算法

整个多重数字水印嵌入流程如图 5.1 所示。算法中嵌入两个不同的数字水印图像如图 5.2 所示。为了消除数字水印图像像素之间的相关性，同时增强数字水印的安全性，数字水印图像在嵌入之前，应用 Logistic 混沌算法置乱。混沌变换的初始值可以作为数字水印信息提取的密钥。

5.2.1　空间域数字水印嵌入算法

本算法以图形要素为单位嵌入数字水印 1。具体嵌入算法流程如下。

Step 1:　读取地理空间矢量数据，提取坐标点 (X,Y)，提取地理空间矢量数据坐标值中高位有效位部分，记为 i_x、i_y；

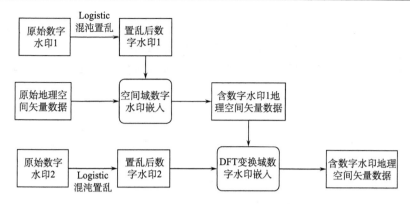

图 5.1 多重数字水印嵌入流程图

(a) 数字水印1　　　(b) 数字水印2　　　(c) 数字水印1置乱　　　(d) 数字水印2置乱

图 5.2 原始水印图像

Step 2: 计算 Hash（i_x）和 Hash（i_y）的值，Hash（）函数为坐标点与数字水印比特之间的映射函数；

Step 3: 提取该坐标点需要嵌入的数字水印位 $w(i)$（$1 \leqslant i \leqslant M$），$w$ 为置乱后的数字水印，M 为数字水印的长度；

Step 4: 通过 QIM 方法，在顶点坐标值中嵌入数字水印，R 为量化值，以 X 坐标为例，

此时分两种情况进行讨论，

1）如果 $w(i) = 0$ 并且 $\mathrm{mod}(x, R) > R/2$

$x' = x - R/2$；

2）如果 $w(i) = 1$ 并且 $\mathrm{mod}(x, R) \leqslant R/2$

$x' = x + R/2$；

Step 5: 依次对该要素所有坐标点（X, Y）嵌入数字水印。

5.2.2 DFT 变换域数字水印嵌入算法

在空间域数字水印嵌入完成后，以含数字水印 1 的地理空间矢量数据为载体，同样以图形要素为单位，再次嵌入数字水印 2。具体嵌入算法流程如下。

Step 1: 读取地理空间矢量数据坐标点，根据式（5.1）产生复数序列 $\{a_k\}$；

$$a_k = x_k + iy_k \qquad (k=1,\cdots,N) \tag{5.1}$$

式中，x_k、y_k 为顶点坐标值；N 为图形顶点数目。

Step 2:　对序列 $\{a_k\}$ 进行 DFT 变换，得到变换后的 DFT 系数 $\{A_l\}$。该序列包括幅度系数 $\{|A_l|\}$ 和相位系数 $\{\angle A_l\}$；

Step 3:　应用 QIM 量化方法，将数字水印嵌入到幅度系数 $\{|A_l|\}$ 和相位系数 $\{\angle A_l\}$ 中。通过式（5.2）计算得出嵌入数字水印后的系数 A'_l；

$$A'_l = \begin{cases} A_l - R/2, & \text{若}\,w(i)=0\text{且}\bmod(A_l,R) > R/2 \\ A_l, & \text{若}\,w(i)=0\text{且}\bmod(A_l,R) \leqslant R/2 \\ A_l + R/2, & \text{若}\,w(i)=1\text{且}\bmod(A_l,R) \leqslant R/2 \\ A_l, & \text{若}\,w(i)=1\text{且}\bmod(A_l,R) > R/2 \end{cases} \tag{5.2}$$

Step 4:　对 $\{A'_l\}$ 进行离散傅里叶逆变换，得到嵌入数字水印后的复数序列 $\{a'_k\}$；

Step 5:　根据序列 $\{a'_k\}$ 修改相应顶点坐标，得到嵌入数字水印后的矢量数据；

Step 6:　输出保存含数字水印地理空间矢量数据。

两种算法中都用到了 QIM 方法嵌入数字水印。前者将数字水印嵌入到坐标值中，后者将数字水印嵌入到 DFT 变换系数中。原始载体数据和数字水印比特之间的映射都是通过 Hash (x) =x%M+1 函数计算，为了使 Hash 函数的值均匀介于 1~M，可以适当放大坐标值或变换系数，再计算映射值。

通过 QIM 方法嵌入数字水印时，如果直接量化嵌入，则数字水印就会嵌入数据的整数位部分，会导致数据误差太大。在数字水印嵌入之前，通过放大数据，然后量化嵌入，再缩小相应倍数。这样就会使数字水印嵌入到数据的小数位部分，大大减小数字水印嵌入引起的误差。

5.2.3　数字水印提取算法

数字水印提取是数字水印嵌入的逆过程。采用不同的算法嵌入了不同的数字水印，因此，两个数字水印应分别提取。

空间域数字水印提取过程如下。

Step 1:　读取待测数据，提取坐标点 (X, Y)，提取地理空间矢量数据坐标值中高位有效位部分记为 i_x、i_y；

Step 2:　通过 Hash（）函数，计算出数字水印的位置；

Step 3:　通过 QIM 方法提取数字水印位 $w(i)$ 的值，R 取嵌入数字水印时的量化值；

Step 4:　对提取到的一维数字水印序列，进行升维处理并反置乱，得到最终数字水印图像。

DFT 变换域数字水印提取过程如下。

Step 1:　读取待测数据，读取地理空间矢量数据坐标点，根据式（5.1）产生复数序列 $\{a'_k\}$；

Step 2:　对序列 $\{a'_k\}$ 进行 DFT 变换，得到离散傅里叶系数 $\{A'_l\}$；

Step 3:　对 $\{A'_l\}$ 幅度系数和相位系数分别放大 10^n 倍，采用嵌入数字水印时的量化值 R，计算出系数所在的量化区间，各自提取出幅度系数数字水印和相位系数数字水印；

Step 4:　对提取到的两个一维数字水印序列，变换为二维图像并反置乱，得到最终数字水印图像。

在两个数字水印算法中，每一个数字水印都被多次嵌入，因此，采用投票原则来确定数字水印信息。计算方法是定义一个与数字水印序列等长的整数序列 $\{B(i)=0,\ i=1,\cdots,M\}$，$M$ 为数字水印长度。单个数字水印位 $b'(i)=\{1,-1\}$，相同数字水印位提取过程中，使用式 $B(i)=B(i)+b'(i)$ 来统计出数字水印信息值 -1 和 1 的多数，如"1"为多数，则 $B(i)>0$，然后根据式（5.3）来重构出二值数字水印图像。

$$w'(i)=\begin{cases}1,\text{若}B(i)>0\\0,\text{若}B(i)\leqslant0\end{cases}\qquad(5.3)$$

5.3　试验及分析

试验选用一幅 1∶5000 的界线图，数据格式为 ArcGIS 的 SHP 格式。该图有 594 个图形要素，共有 20292 个坐标点。对嵌入数字水印后的数据进行了误差统计，并从数字水印的不可见性及鲁棒性进行了分析。试验中两个数字水印都是 32 像素×64 像素的二值数字水印图像，如图 5.2（a）、图 5.2（b）所示。图 5.2（c）是数字水印 1 经过 Logistic 混沌置乱后的数字水印图像。

5.3.1　误差及不可见性分析

算法中采用 RMSE 和最大误差等指标评价数字水印嵌入对地理空间矢量数据精度的影响大小。统计结果见表 5.1。

表 5.1　RMSE 和最大误差统计表

数据点数	最大误差	RMSE	误差小于 6×10^{-4}
20292	8.8616×10^{-4}	5.0154×10^{-4}	占 75%

$$\text{RMSE} = \sqrt{\frac{\sum d_i^2}{N}}$$，i=1,2,…,N，N 为含数字水印坐标点的个数；d_i 为原始数据坐标点与含数字水印数据坐标点之间的绝对误差，$d_i = \sqrt{\Delta x^2 + \Delta y^2}$；$\Delta x$、$\Delta y$ 分别为 X 方向、Y 方向的误差。

从表 5.1 中可以看出，嵌入数字水印所引起的 RMSE 为 5.0154×10^{-4} 个单位，最大误差为 8.8616×10^{-4} 个单位，75%的数据误差小于 6×10^{-4} 个单位。尽管采用两种方法独立嵌入多重数字水印，但嵌入数字水印后引起的数据误差较小，完全在数据精度要求之内，可见，该算法不会影响数据的使用。

对数字水印嵌入前后数据可视化叠加对比，并局部放大显示如图 5.3 所示。从图中可以看出数字水印嵌入前后视觉上没有明显的差别。从表 5.1 的误差分析数据来看，数字水印嵌入引起的最大误差及 RMSE 都很小，因此，数字水印具有很好的不可见性。

（a）嵌入数字水印前后数据可视化叠加对比　　　　　（b）叠加对比后局部放大图

图 5.3　数字水印嵌入前后数据可视化比较

5.3.2　鲁棒性分析

对提取到的数字水印图像与原始数字水印图像通常用相关系数来评价其相似性，计算公式如下：

$$NC = \frac{\sum_{i=1}^{i=M}\sum_{j=1}^{j=N}XNOR\big(w(i,\ j),\ w'(i,\ j)\big)}{M \times N} \qquad (5.4)$$

式中，$M \times N$ 为数字水印图像的大小；$w(i,j)$ 为原始数字水印信息；$w'(i,\ j)$ 为提取的数字水印信息，XNOR 为异或非运算。

5.3.3 增加点、修改点及裁剪攻击

从表 5.2 中可知，对含数字水印数据增加顶点 2 倍多后，依然能够很好地提取数字水印 1。这是由于空间域数字水印算法能够很好地抵抗顶点攻击。增加顶点后，并不影响原来数据的数字水印信息。但是对水印 2，由于 DFT 具有局部性的特点，顶点的增加及修改都会导致 DFT 变化域系数较大的变化，无法提取数字水印 2。对地理空间矢量数据的裁剪试验结果表明，裁剪后从剩余要素中依然能够较好地提取两个数字水印信息。

表 5.2 增、删点及裁剪攻击的鲁棒性

攻击类型	增加顶点至 54272	修改 10%点	修改 50%点	裁剪剩 1/2		裁剪剩 1/4
数字水印						
NC	0.99	1	0.99	1	1	0.979 0.984

5.3.4 压缩及要素删除攻击

对含数字水印数据进行 D-P 压缩试验，取阈值为 5，压缩至 9239 个顶点后，能很好地提取数字水印 1，但无法提取数字水印 2；而对要素删除攻击，从表 5.3 可以看出，即使删除 50%要素后，依然能够很好地提取所有数字水印。在该算法中，每一个数字水印都被多次嵌入各自的空间，而且数字水印信息均匀分布在每一个要素中。因此，部分要素的删除，不会对数字水印信息造成太大的破坏。

表 5.3　压缩、要素删除攻击的鲁棒性

攻击类型	压缩至 9239 个点		删除 10%要素	删除 20%要素	删除 50%要素
数字水印					
NC	0.997	0.488	1　　1	1　　1	1　　1

5.3.5　几何攻击

由表 5.4 可以看出，在经过旋转、平移、缩放攻击后，数字水印 2 的提取基本不受影响。这是由于数字水印 2 是嵌入傅里叶变换后的系数中，傅里叶变换的幅度系数不受旋转操作的影响，而傅里叶变换的幅度系数和相位系数均不受平移操作的影响。因此，数字水印对几何变换种攻击具有很好的鲁棒性。而对水印 1，数字水印是直接嵌入地理空间矢量数据坐标值中，几何变换后地理空间矢量数据坐标值发生了变化，因此，无法提取数字水印。

表 5.4　几何攻击的鲁棒性

攻击类型	(X,Y) 平移 5	旋转 5°	平移 5 且旋转 5°	放大 2 倍	缩小 0.5 倍
数字水印					
NC	1	1	1	1	1

5.3.6　乱序及格式转换攻击

在该算法中，数字水印的嵌入不依赖于坐标点顺序及要素顺序，对坐标排序、要素排序的攻击试验表明，两个数字水印的提取都不受影响。当含数字水印的地理空间矢量数据从一种格式转换成另一种格式后，无法直接提取数字水印信息，需要转换到原来的地理空间矢量数据格式后，才可以提取数字水印信息。两种不同数据格式的地理空间矢量数据在进行格式转换时，由于两者数据结构、存储方式、单位和精度等的差异，转换后的数据会产生微小的差异，这个差异对数字水印信息的提取影响很小。

5.3.7　数字水印嵌入顺序的影响

本算法中多重数字水印的嵌入顺序是先在空间域嵌入数字水印,后在 DFT 变换域嵌入数字水印。试验中,空间域数字水印控制嵌入到坐标数据小数点后 4、5 位部分;在变换域数字水印嵌入中,通过放大系数的方法控制数字水印嵌入到小数点后 7、8 位部分,这样第二个数字水印的嵌入不会覆盖或影响第一个数字水印。而如果颠倒嵌入顺序,即先嵌入 DFT 变换域数字水印后嵌入空间域数字水印,则空间域数字水印会对 DFT 变换域数字水印造成很大的影响,先嵌入的 DFT 变换域数字水印无法被提取。

5.3.8　R 取值对数字水印提取的影响

试验表明,R 取值在 50、100、150、200 下,都可以很好地提取数字水印。当 $R<50$ 或 $R>200$ 时,提取的数字水印效果较差;当 R 太小,量化提取区间不明显;当 R 较大时,变换域数字水印中系数修改较大,逆变换后的坐标数据也会发生较大的改变,提取数字水印效果较差。

5.4　本 章 小 结

本章采用空间域和 DFT 变换域算法相结合的数字水印算法,两种数字水印算法取长补短,克服了单重数字水印抗攻击能力弱的缺点,提高了数字水印的整体抗攻击能力。空间域数字水印对顶点增加、压缩、顶点修改和噪声等攻击优势明显;DFT 变化域数字水印具有很好地抵抗几何攻击的能力。同时,两种算法对裁剪、要素删除、乱序、数据格式转换攻击的抵抗能力强。试验结果表明,该算法具有很好的不可见性,数字水印嵌入误差小。两种数字水印都采用盲数字水印,具有很好的实用性。

第6章　抵抗投影变换攻击的地理空间矢量数据盲数字水印技术

含数字水印地理空间矢量数据在使用过程中可能会经过多次投影变换或坐标系变换，数字水印嵌入时在坐标系统未知的情况下，现有的地理空间矢量数据数字水印算法普遍存在不能提取数字水印信息的问题。如果算法不能抵抗这几种类型的攻击，利用这一弱点，很容易破坏数字水印，难以提取数字水印信息，失去了版权保护的功能，算法的实用性不强。

尽管已有学者已经意识到抵抗投影变换、坐标系变换对数字水印鲁棒性的重要性，但对抵抗投影变换、坐标系变换攻击的数字水印算法鲜有研究（闵连权等，2009）。

本章将以地图学基本理论、投影变换原理与方法为基础，针对投影变换、坐标系变换对地理空间矢量数据数字水印提取的影响进行深入分析，设计能够抵抗投影变换、坐标系变换的数字水印算法。

6.1　投影变换对数字水印的影响

学者对地理空间矢量数据数字水印算法的理论研究和方法研究都取得了丰硕的成果。就鲁棒性数字水印算法而言，现有的研究侧重于顶点攻击、压缩攻击、噪声攻击和几何攻击等方面的鲁棒性，部分算法仅考虑了数据格式转换攻击，对抵抗投影变换、坐标系变换攻击方面的算法研究较少。但在实际应用中，用户可能会对地理空间矢量数据进行投影变换、坐标系变换，因此，抵抗这类攻击成为地理空间矢量数据数字水印系统的一个独有特点（闵连权等，2009）。

6.1.1　投影变换

地理空间矢量数据的数据集都具有坐标系，该坐标系用于将数据集与通用坐标框架（如地图）内的其他地理数据图层进行集成。通过坐标系可在地图中集成数据集，以及执行各种集成的分析操作。坐标系是用于表示地理要素、影像和观测结果（如通用地理框架内的 GPS 位置）的参考系统。常用的两种类型坐标系为地理坐标系和投影坐标系。

投影变换是指将地理空间矢量数据从一种坐标系投影到另一种坐标系（杨启和，1990）。如果原坐标系与输出坐标系的椭圆体基准面不同，在投影变换时，有时需要在地理坐标系间进行变换。地理坐标系包含基于椭圆体的基准面，因此，地理变换还会更改基础椭圆体。在同一基准平面间进行变换的方法很多，这些方法具有不同的精度和范围。特定变换的精度范围可以从厘米到米，具体要取决于方法和质量，以及可用于定义变换参数的控制点数量。图 6.1 是 1∶100 万甘肃省界数据从 1984 世界大地坐标系（WGS 1984, world geodetic system 1984）转换为西安 80 高斯-克吕格投影坐标系的变换示意图。

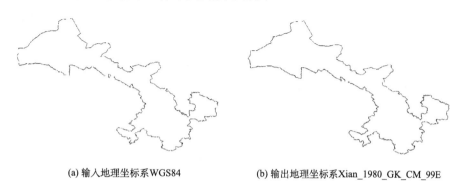

(a) 输入地理坐标系WGS84　　　　　　　(b) 输出地理坐标系Xian_1980_GK_CM_99E

图 6.1　投影变换示意图

6.1.2　投影变换对数字水印的影响

空间数据在进行投影变换后（用 GIS 软件投影工具实现坐标系变换，后同），全部数据坐标值被修改，与原始数据相比，这种变换往往是非线性的变换，因此，无法直接从投影变换后的数据中提取数字水印。如果已知原始数据的坐标系，可以将数据投影变换到原始坐标系下，这样就可以提取数字水印。但是，地理空间矢量数据在使用、分发过程中，无论是用户的正常作业还是恶意的数字水印攻击行为，投影变换后，不会记录变换之前的坐标系，也就无法获取投影变换之前的坐标系。

当含数字水印数据进行投影变换后，在数字水印检测中，难以获得数字水印嵌入时数据的坐标系，因此，无法提取水印信息。图 6.2（a）是某线状地物含数字水印数据，坐标系为 Xian_1980_GK_Zone_18（记为 C1），提取到数字水印如图 6.2（b）所示。对该含数字水印数据坐标系变换为 Xian_1980_GK_Zone_19（记为 C2）后，提取数字水印如图 6.2（c）所示。由此可见，就算同一基准面下相邻带之间坐标系的变换，都难以直接提取数字水印信息。但是这并不意味着数字水印被破坏，当把含数字水印数据转回到 C1 坐标系后，提取到的数字水印如图 6.2（d）所示，可见，数字水印信息完全没有被破坏。之所以能完好地提取水印信息，是因为数据被转换到了数字水印嵌入时的坐标系。

(b) C1坐标系下提取的数字水印

(c) 转到C2坐标系后提取的数字水印

(a) 某线状地物含数字水印数据　　　　　(d) 转回到C1坐标系后提取的数字水印

图 6.2　投影变换对数字水印提取的影响

6.2　算 法 思 路

含数字水印空间数据在进行投影变换后，需要有数字水印嵌入时的坐标系信息，才能够提取数字水印信息。而在多数情况下，地理空间矢量数据在使用、流转情况下，往往没有保存这一信息，因此，无法直接提取数字水印信息。为了实现算法对投影变换的鲁棒性，考虑在数字水印嵌入之前，将地理空间矢量数据投影到一种中间坐标系（如 WGS84 坐标系），然后实施数字水印嵌入，最后把嵌入数字水印后的地理空间矢量数据投影到原来坐标系统，数字水印嵌入流程如图 6.3（a）所示。同理，数字水印提取时，首先需要把含数字水印地理空间矢量数据投影到中间坐标系，然后提取数字水印信息，其流程如图 6.3（b）所示。

任意一种坐标系都可以选作数字水印嵌入的中间坐标系，而 WGS84 是目前国际上广泛应用的大地坐标系，和其他坐标系之间的转换容易实现。

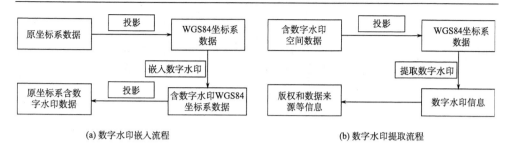

(a) 数字水印嵌入流程　　　　　　　　　　　　(b) 数字水印提取流程

图 6.3　数字水印嵌入和提取流程图

6.2.1　数字水印嵌入算法

地理空间矢量数据数字水印算法中，变换域数字水印算法的鲁棒性优于空间域数字水印算法，而 DFT 变换域数字水印算法具有抵抗旋转和平移等几何变换的优势，因此，本数字水印算法采用 DFT 变换域数字水印算法，数字水印嵌入 DFT 变换域的幅度系数中。地理空间矢量数据的平移会导致 DFT 变换域第一个幅度系数发生变化，因此，将数字水印信息嵌入到除第一个幅度系数后的其他幅度系数中。

盲数字水印是指在数字水印提取或检测时无需原始载体数据的参与，因其在实际应用中具有可操作性、实用性强，因此，盲数字水印算法的研究是地理空间矢量数据数字水印算法重要的研究方向。采用 QIM 方法嵌入数字水印，可以实现数字水印的盲提取。

为了减小数字水印图像像元之间的相关性，增强数字水印的安全，在数字水印嵌入之前，首先需要对数字水印信息进行置乱处理。本算法应用 Logistic 混沌变换来置乱数字水印图像。混沌变换的初始值可以作为数字水印信息提取的密钥。变换置乱后的数字水印图像为一维序列 $\{w_i=0,1|i=0,1,\cdots,M-1\}$，$M$ 为数字水印长度。

数字水印的嵌入算法流程如下。

Step 1:　读取地理空间矢量数据，以要素（线或面）为单位进行数字水印信息的嵌入。读取要素坐标点，根据式（6.1）产生复数序列 $\{c_k\}$；

$$c_k = x_k + iy_k \qquad (k=0,1,\cdots,N-1) \qquad (6.1)$$

式中，x_k，y_k 为坐标点值；N 为坐标点数目。

Step 2:　对序列 $\{c_k\}$ 进行 DFT 变换，提取 DFT 变换后的幅度系数 $\{a_k\}$；

Step 3:　应用 QIM 量化嵌入方法，得到数字水印嵌入幅度系数 $\{a_k\}$。通过式（6.2）计算得出嵌入数字水印后的系数 a_k'；

$$a_k^{'} = \begin{cases} a_k - R/2, & \text{若} w(i)=0 \text{且} \bmod(a_k, R) > R/2 \\ a_k, & \text{若} w(i)=0 \text{且} \bmod(a_k, R) \leqslant R/2 \\ a_k + R/2, & \text{若} w(i)=1 \text{且} \bmod(a_k, R) \leqslant R/2 \\ a_k, & \text{若} w(i)=1 \text{且} \bmod(a_k, R) > R/2 \end{cases} \tag{6.2}$$

其中，R 为量化值。

Step 4：对 $\{a_k^{'}\}$ 进行离散傅里叶逆变换，得到嵌入数字水印后的复数序列 $\{c_k^{'}\}$；

Step 5：根据序列 $\{c_k^{'}\}$ 修改相应特征点坐标，得到嵌入数字水印后的地理空间矢量数据。

6.2.2　数字水印提取算法

数字水印提取是数字水印嵌入的逆过程。具体如下。

Step 1：读入待测数据，提取每一个要素的坐标点；

Step 2：根据式（6.1）产生复数序列 $\{c_k\}$；

Step 3：对序列 $\{c_k\}$ 进行 DFT 变换，得到 DFT 变换后的幅度系数 $\{a_k\}$；

Step 4：采用嵌入数字水印时的量化值 R，计算出系数所在的量化区间，提取数字水印；

Step 5：对提取到的一维数字水印序列，变换为二维图像并反置乱，得到最终数字水印图像。

算法中，数字水印被多次嵌入，因此，采用投票原则来确定数字水印信息。计算方法是定义一个与数字水印序列等长的整数序列 $\{B(i)=0, i=1, \cdots, M\}$，$M$ 为数字水印长度。单个数字水印位 $b'(i)=\{1, -1\}$，相同数字水印位提取过程中，使用式 $B(i)=B(i)+b'(i)$ 来统计出数字水印信息值 -1 和 1 的多数，如 "1" 为多数，则 $B(i)>0$；然后根据式（6.3）来重构出二值数字水印图像。

$$w'(i) = \begin{cases} 1, \text{若} B(i)>0 \\ 0, \text{若} B(i) \leqslant 0 \end{cases} \tag{6.3}$$

6.3　试验及分析

试验选用一幅 1：2.5 万的线状地物图，数据格式为 ArcGIS 的 SHP 格式。该图有 2188 个要素，共有 143216 个坐标点。对嵌入数字水印后的数据进行误差统计，并对数字水印的不可见性及鲁棒性进行分析。试验中嵌入的是 32 像素×64 像素的二值数字水印图像,如图 6.4(a)所示,图 6.4(b)是原始数字水印经过 Logistic 混沌置乱后的数字水印图像。

水印

（a）原始二值数字水印图像　　（b）Logistic 混沌置乱后数字水印图像

图 6.4　原始水印图像

6.3.1　误差及不可见性分析

本算法中数字水印嵌入引起的误差大小取决于量化值 R。R 值大,数字水印嵌入引起的数据误差较大;R 值小,误差较小。但是过小的 R 值可能会导致数字水印难以被提取。试验中,取 R 为 $9×10^{-9}$。误差采用 RMSE 和最大误差等指标评价数字水印嵌入对地理空间矢量数据精度的影响大小,统计结果见表 6.1。

$$\text{RMSE} = \sqrt{\frac{\sum d_i^2}{N}}$$, $i=1,2,\cdots,N$, N 为含数字水印坐标点的个数,d_i 为原始数据坐标点与含数字水印数据坐标点之间的绝对误差,$d_i = \sqrt{\Delta x^2 + \Delta y^2}$;$\Delta x$、$\Delta y$ 分别为 X 方向、Y 方向的误差。

表 6.1　RMSE 和最大误差统计表

数据点数	最大误差	RMSE	误差小于 $1×10^{-4}$
143216	$3.1324×10^{-4}$	$3.5965×10^{-5}$	占 98%

从表 6.1 中可以看出,嵌入数字水印所引起的 RMSE 为 $3.5965×10^{-5}$,最大误差为 $3.1324×10^{-4}$ 个单位,98%的数据误差小于 $1×10^{-4}$ 个单位。可以看出,嵌入数字水印后引起的数据误差较小,完全在数据精度要求之内。可见,该算法不会影响数据的使用。

对数字水印嵌入前后数据可视化叠加对比,并局部放大显示如图 6.5 所示。从图 6.5 中可以看出数字水印嵌入前后视觉上没有明显的差别。从表 6.1 的误差分析数据来看,数字水印嵌入引起的最大误差及 RMSE 都很小,因此,数字水印具有很好的不可见性。

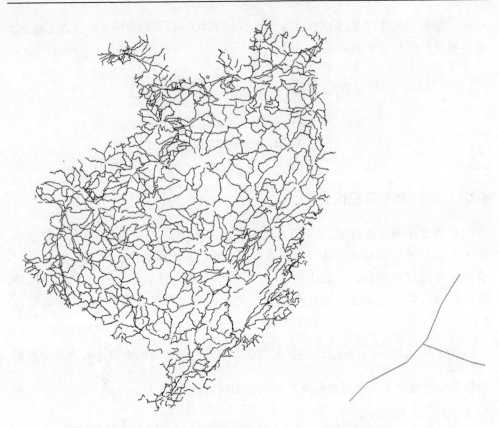

　　（a）嵌入数字水印前后数据可视化叠加对比图　　　　　　（b）叠加后局部放大图

图 6.5　数字水印嵌入前后数据可视化比较

6.3.2　鲁棒性分析

　　对提取到的数字水印图像与原始数字水印图像通常用相关系数来评价其相似性，计算公式见式（6.4）。

$$NC = \frac{\sum_{i=1}^{i=M}\sum_{j=1}^{j=N}XNOR\big(w(i,\ j),\ w'(i,\ j)\big)}{M \times N} \tag{6.4}$$

式中，$M \times N$ 为数字水印图像的大小；$w(i,\ j)$ 为原始数字水印信息，$w'(i,\ j)$ 为提取的数字水印信息；XNOR 为异或非运算。

　　（1）投影变换攻击

　　试验中嵌入数字水印数据的坐标系为 Xian_1980_GK_Zone_18，对含数字水印数据实施了多种类型的投影变换攻击，投影变换类型及提取到的数字水印信息见表 6.2。

表 6.2　投影变换攻击的鲁棒性

坐标系	数字水印	NC
GCS_Beijing_1954	水印	1
GCS_Xian_1980	水印	1
GCS_WGS_1984	水印	1
Xian_1980_GK_Zone_16	水印	1
Xian_1980_GK_Zone_20	水印	1
Xian_1980_GK_Zone_33	水印	1
Xian_1980_GK_Zone_35	水印	1
Beijing_1954_GK_Zone_18	水印	1
Beijing_1954_3_Degree_GK_CM_105E	水印	1

试验结果可以看出，对含数字水印数据做多种类型的投影变换，都可以很好地提取数字水印信息。

（2）要素删除及裁剪攻击

试验中对含数字水印数据随机进行要素删除，删除要素数量分别取 10%、20%、50%，从剩余要素中均可以很好地提取数字水印图像。图 6.6 表示删除了 50%的要素，实线表示删除后剩余要素，虚线是原始数据，提取到的数字水印图像见图 6.6 右下角。图 6.7 是从对含数字水印数据进行大范围裁剪后剩余的 250

个要素（17339 个坐标点）数据中提取到的数字水印图像。

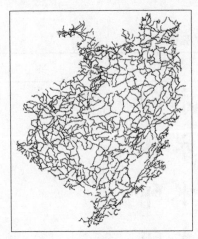 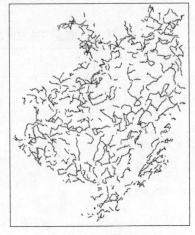

(a) 原始数据　　　　　　　　　　(b) 要素删除 50%后数据　　　(c) b 图数据提取的水印

图 6.6　　要素删除 50%及提取到的水印

注：蓝色线表示原始数据，红色线表示要素删除攻击后的数据

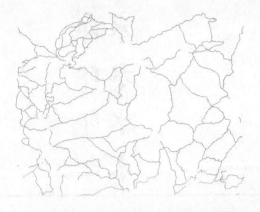

图 6.7　　要素裁剪攻击及提取到的数字水印图像

（3）几何攻击

将数字水印嵌入到 DFT 变换域的幅度系数中，数据平移、旋转对 DFT 变换域幅度系数没有影响。因此，该算法能够有效抵抗平移、旋转攻击（图 6.8、图 6.9）。

通过以上试验说明，该算法对各种投影变换、要素删除、裁剪、平移和旋转等攻击具有很好的鲁棒性。

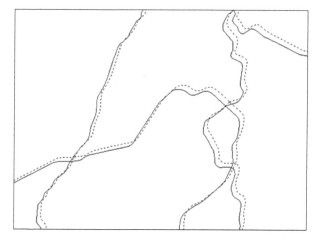

图 6.8　平移攻击及提取到的水印

注：实线表示原始数据，虚线表示攻击后数据

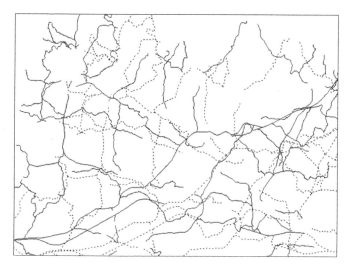

图 6.9　旋转攻击及提取到的水印

注：实线表示原始数据，虚线表示攻击后数据

6.4　本 章 小 结

　　本章提出了一种使用中间坐标系的数字水印嵌入方案，该方案实现了抵抗投影变换攻击的数字水印算法。试验表明，该算法对投影变换、要素删除、裁剪、平移和旋转等攻击具有很好的鲁棒性，具有一定的实用价值。

第 7 章　总结和展望

如果说软件平台是 GIS 的骨架，则地理空间矢量数据无疑是 GIS 应用的血肉，其对国民经济、国防建设和人类生活起着重要的作用，已广泛应用于社会各行业、各部门，如城市规划、交通、银行、环保和通信航空航天等。数字水印是保护数字地图版权的一种有效方法，随着地理空间矢量数据安全保护需求的日益增加，数字水印技术将发挥越来越重要的作用。

7.1　总　　结

本书综述了地理空间矢量数据数字水印算法的研究现状，在对现有的空间域和变换域数字水印算法进行分析的基础上，运用数学工具、计算机编码及图形学、频域分析工具、GIS 相关理论，提出了 7 个地理空间矢量数据盲数字水印算法，通过试验，对算法的可用性进行了分析，并对算法的鲁棒性进行了深入讨论。本书研究所取得的主要结果有：

（1）应用数据处理中的归一化方法，提出了归一化方法的地理空间矢量数据盲数字水印算法。由于将数字水印嵌入到大部分的地理空间矢量数据中，部分顶点的修改（或攻击）对数字水印整体的影响较小，并且数据的最小-最大归一化具有平移、缩放不变性的特点，将数字水印嵌入到地理空间矢量数据归一化值中能够抵抗几何变换的攻击，解决了地理空间矢量数据数字水印算法同时遭受顶点攻击和几何攻击的问题，提高了数字水印算法的鲁棒性，运用 QIM 数字水印嵌入规则，实现了盲检测。

（2）针对字符数字水印提取中容易出现的乱码问题，提出了 QR 码编码的地理空间矢量数据盲数字水印算法。QR 码字符数字水印编码解决了数字水印提取中字符乱码的问题，应用 Logistic 混沌系统对该 QR 码图像进行混沌置乱，对处理后的数字水印采用改进的 LSB 算法，将数字水印嵌入到地理空间矢量数据的中间有效位部分，数字水印被多次嵌入。算法对常见的多种攻击具有较好的鲁棒性，该方法可以应用于在地理空间矢量数据中嵌入字符数字水印信息，以提高字符数字水印提取的可靠性。

　　（3）研究了 DFT 变换域数字水印算法中的误差控制问题，提出了 DFT 变换域的可控误差地理空间矢量数据盲数字水印算法。DFT 对几何图形平移、旋转和缩放等具有不变性特点，基于 DFT 的数字水印算法在抵抗几何攻击上具有得天独厚的优势，因此，DFT 变换域地理空间矢量数据数字水印算法引起了研究者极大的研究兴趣。传统的 DFT 变换域数字水印算法中，将数字水印直接嵌入变换后的系数，导致地理空间矢量数据误差较大。改进后的 DFT 变换域数字水印算法通过放大处理 DFT 变换系数，将数字水印嵌入幅度系数和相位系数中；数字水印被多次嵌入。试验验证了数字水印嵌入地理空间矢量数据引起的误差容易控制；数字水印对数据格式转换及常见的几何变换攻击具有很好的鲁棒性。

　　（4）针对地理空间矢量数据压缩的特点，提出了基于特征点的 DFT 变换域地理空间矢量数据盲数字水印算法。地理空间矢量数据的压缩完全不同于图像等的压缩，针对地理空间矢量数据常用的 D-P 压缩法，提出了一种基于 D-P 算法提取特征点，以特征点为数字水印载体，将数字水印通过 QIM 量化方法嵌入特征点 DFT 变换后的幅度系数和相位系数中，同样的数字水印被多次嵌入，实现了数字水印的盲提取。试验验证了该算法引起的数据误差很小，同时对旋转、平移、要素排序、数据格式转换、裁剪、压缩和增删点等攻击具有较好的鲁棒性。

　　（5）基于地理空间矢量点数据的存储及空间特征，提出了一种网格划分的矢量点类型数据 DFT 变换域盲数字水印算法。现有的变换域数字水印算法绝大部分是针对线图层或面图层数据设计，不能直接应用于点图层。采用网格划分的方法，将点数据按空间位置划分为网格，以每个网格中的点为数字水印嵌入单元，采用 DFT 变换域数字水印算法，是因为其在抵抗几何变换攻击方面具有较好的鲁棒性，应用 QIM 量化方法嵌入数字水印信息，实现了数字水印信息的盲提取。通过试验验证了算法的可用性，该算法对增加、删除、修改顶点，裁剪、平移、放大、缩小、重排序，格式转换和高斯噪声等攻击具有较好的鲁棒性。

　　（6）为加强数字水印算法抵抗攻击的能力，提高算法的鲁棒性，在分析空间域和变换域数字水印算法特点的基础上，提出了一种空间域和变换域相结合的地理空间矢量数据多重数字水印算法。针对单一数字水印算法难以抵抗多种数字水印攻击的问题，分析了地理空间矢量数据多重数字水印的特点，使用两种不同的数字水印嵌入方法，将数字水印先后嵌入到空间域和 DFT 变换域中。数字水印被多次嵌入，实现了数字水印的盲提取。试验证明，该算法引起的空间数据误差很小，同时对几何攻击、增删点、裁剪、压缩、要素排序和数据格式转换等攻击具有较好的鲁棒性。

　　（7）深入研究了地理空间矢量数据投影变换对数字水印提取的影响，提出了一种可有效抵抗投影变换及坐标系变换攻击的地理空间矢量数据数字水印算法。由于含数字水印地理空间矢量数据在使用过程中可能会经过多次投影变换或坐标系变换，在未知数字水印嵌入时坐标系统的情况下，现有的地理空间矢量数据数字水印算法普遍存在不能提取数字水印信息的问题。该算法充分考虑了地理空间矢量数据投影变换和坐标系变换的特点，在数字水印嵌入方案中，采用了 GIS 中普遍使用的 WGS84 地理坐标系作为中间坐标系，将数字水印嵌入到 WGS84 坐标系空间数据中。在数字水印提取时，只需把含数字水印数据转换到 WGS84 坐标系后，即可提取数字水印信息。试验验证了该数字水印算法对投影变换、坐标系变换攻击的鲁棒性好，并且对数据的裁剪、旋转和平移等攻击具有较强的鲁棒性。

7.2　展　　望

本书提出的地理空间矢量数据数字水印算法能够解决空间域数字水印算法抵抗几何攻击的问题、字符数字水印提取中易出现的乱码问题、DFT 变换域数字水印算法误差控制的问题和 DFT 变换域数字水印算法中抵抗顶点攻击问题和变换域数字水印算法应用于矢量点空间数据等关键问题；提出的空间域和变换域相结合的多重数字水印算法与抵抗投影攻击的地理空间矢量数据数字水印算法，为地理空间矢量数据数字水印算法的研究提供了新的思路和方法，为数字水印技术在地理空间矢量数据中的应用奠定了坚实的基础。由于地理空间矢量数据的复杂性，在数字水印技术的具体应用中，需要与专业领域知识和其他信息系统安全技术相结合，还有许多问题值得深入探讨和研究。概括起来，有如下问题还需进一步研究：

（1）地理空间矢量数据数字水印算法评价体系的研究。目前，对地理空间矢量数据数字水印算法的评价主要从数字水印的不可见性、数据的可用性和算法的鲁棒性等方面进行测试，还缺乏统一的测试标准，特别是针对算法鲁棒性测试的数字水印攻击类型和数字水印攻击强度等，还没有公认的、权威的测试标准，需要对算法鲁棒性的评价体系进一步系统地深入研究，建立健全与地理空间矢量数据自身特点相适应的定量化评价准则，开发出功能强大的地理空间矢量数据数字水印攻击评测软件系统。

（2）针对地理空间矢量数据数字水印安全协议的研究。考虑地理空间矢量数据的特点，结合非对称密码学、公钥基础设施（public key infrastructure，PKI）

技术和数字签名等相关技术手段,研究针对地理空间矢量数据数字水印安全协议,对地理空间矢量数据数字水印安全协议的形式化证明方面深入开展研究,这将是一个内容十分广泛的课题。

(3)将零数字水印算法应用于地理空间矢量数据的研究。由于零数字水印算法不修改地图内容,其具有非常好的不可见性和保真度,能够很好地解决数字水印中不可见性和鲁棒性之间的矛盾。零数字水印技术既能实现版权保护,又能保证数据不被修改,有很大的实用价值。根据矢量地图自身的特性,研究适合地理空间矢量数据零数字水印算法将是矢量地图数据数字水印的一个重要研究方向。

(4)地理空间矢量数据多级分发中的数字水印算法研究。地理空间矢量数据存在多级分发的应用模式,每一级分发需要嵌入不同的数字水印信息,因此,着力于解决每一级数字水印之间互相覆盖问题并保证单级数字水印算法鲁棒性的多级数字水印算法研究在我国具有现实意义。

(5)地理空间矢量数据数字水印技术的应用研究。鲁棒数字水印技术可用于版权保护,脆弱数字水印可用于数据的完整性验证,运用两种数字水印技术结合其他信息安全技术建立一体化和高可靠性的认证、版权保护系统,对大规模网络和分布式 GIS 中数据安全及版权保护具有重要的应用价值。

总之,本书对地理空间矢量数据数字水印算法进行了比较深入的研究,有针对性地解决了地理空间矢量数据数字水印算法中部分关键问题,提出了相关数字水印算法,并对算法进行了试验验证,这些工作为地理空间矢量数据的安全及版权保护提供了可行的问题解决方案和策略。但在实践中,可能会遇到各种复杂和具有挑战性的问题,还存在许多工作需要探索和研究。

参 考 文 献

曹江华. 2011. GIS 矢量数据多重水印研究. 南京师范大学硕士学位论文.

车森, 邓术军. 2008. 基于双重网格的矢量地图数字水印算法. 海洋测绘, 28(1): 13-17.

陈晓光, 李岩. 2011. 针对二维矢量图形数据的盲水印算法. 计算机应用, 31(8): 2174-2177.

崔翰川. 2013. 面向共享的矢量地理数据安全关键技术研究. 南京师范大学博士学位论文.

崔翰川, 朱长青, 杨成松. 2012. 基于 ArcGIS Engine 的矢量地理数据数字水印系统的设计和实现. 测绘通报, (7): 82-84.

范铁生, 孟瑶, 房肖冰. 2007. 基于 B-spline 矢量图形数字水印方法. 计算机工程与应用, 43(17): 69-70.

符浩军. 2013. 栅格地理数据数字水印模型与算法研究. 解放军信息工程大学博士学位论文.

高明明. 2009. 二维矢量图形数字水印的研究. 湖南大学硕士学位论文.

郭思远. 2008. 矢量地理空间数据数字水印算法与攻击性研究. 解放军信息工程大学硕士学位论文.

胡鹏. 2002. 地理信息系统教程. 武汉: 武汉大学出版社.

胡云, 伍宏涛, 张涵钰, 等. 2004. 矢量数据中水印系统的设计与实现. 计算机工程与应用, 40(21): 28-30.

黄菊. 2012. 地理信息系统在环境保护中的应用. 环境与可持续发展, 37(3): 110-111.

贾培宏, 马劲松, 史照良, 等. 2004. GIS 空间数据水印信息隐藏与加密技术方法研究. 武汉大学学报(信息科学版), 29(8): 747-751.

焦艳华, 张雪萍, 林楠. 2009. 基于聚类的矢量地图数字水印技术研究. 科技信息, (21): 446-447.

阚映红, 杨成松, 崔翰川, 等. 2010. 一种保持矢量数据几何形状的数字水印算法. 测绘科学技术学报, 27(2): 135-138.

李安波, 闾国年, 周卫. 2012. GIS 矢量数字产品版权认证技术. 北京: 科学出版社.

李强, 闵连权, 吴彬, 等. 2010. 一种实用的矢量地图数据盲数字水印解决方案. 测绘工程, 19(4): 70-73.

李强, 闵连权, 王峰, 等. 2011a. 抗道格拉斯压缩的矢量地图数据数字水印算法. 测绘科学, 36(3): 130-131.

李强, 闵连权, 何宏志, 等. 2011b. 一种多重水印嵌入的解决方案研究. 测绘科学, 36(2): 119-120.

李旭祥, 沈振兴, 刘萍萍. 2008. 地理信息系统在环境科学中的应用. 北京: 清华大学出版社.

李永全. 2005. 基于 MATLAB 的 DCT 域数字水印技术实现. 信息技术, 29(4): 66-68.

李媛媛, 许录平. 2004a. 用于矢量地图版权保护的数字水印. 西安电子科技大学学报(自然科学版), 31(5): 719-723.

李媛媛, 许录平. 2004b. 矢量图形中基于小波变换的盲水印算法. 光子学报, 33(1): 97-100.

刘小勇. 2010. 数字水印发展的历史与发展前景. 计算机光盘软件与应用, (7): 101-102.

刘勇, 井文涌. 1997. 地理信息系统技术及其在环境科学中的应用. 环境科学, 18(2): 62-65.

鲁芳. 2005. 多重文本数字水印技术研究. 湖南大学硕士学位论文.

马桃林, 顾翀, 张良培. 2006. 基于二维矢量数字地图的水印算法研究. 武汉大学学报(信息科学版), 31(9): 792-794.

梅蕤蕤. 2002. 数字地图版权保护. 西安电子科技大学硕士学位论文.

闵连权. 2007. 矢量地图数据的数字水印技术. 测绘通报, (1): 43-46.

闵连权. 2008. 一种鲁棒的矢量地图数据的数字水印. 测绘学报, 37(2): 262-267.

闵连权, 喻其宏. 2007. 基于离散余弦变换的数字地图水印算法. 计算机应用与软件, 24(1): 146-148+174.

闵连权, 李强, 杨玉彬, 等. 2009. 矢量地图数据的水印技术综述. 测绘科学技术学报, 26(2): 96-102.

闵连权, 李强, 祝先真, 等. 2010. 我国地理空间数据的安全政策研究. 测绘科学, 35(3): 37-39.

任娜. 2011. 遥感影像数字水印算法研究. 南京师范大学博士学位论文.

邵承永, 王孝通, 徐晓刚, 等. 2007. 矢量地图的无损数据隐藏算法研究. 中国图象图形学报, 12(2): 206-211.

孙鸿睿. 2013. 矢量地图无损数字水印技术和算法研究. 中南大学博士学位论文.

孙鸿睿, 李光强, 朱建军, 等. 2012. 改进的差值扩张和平移矢量地图可逆水印算法. 武汉大学学报(信息科学版), 37(8): 1004-1007.

孙建国. 2012. 矢量地图数字水印技术研究. 北京: 人民邮电出版社.

孙建国, 门朝光, 俞兰芳, 等. 2009. 矢量地图数字水印研究综述. 计算机科学, 36(9): 11-16.

孙建国, 门朝光, 张国印. 2010a. 抗解释攻击的矢量地图静态双重水印. 哈尔滨工程大学学报, 31(4): 488-495.

孙建国, 门朝光, 曹刘娟, 等. 2010b. 基于结构特征的矢量地图数字水印算法研究. 中南大学学报(自然科学版), 41(4): 1467-1472.

孙圣和, 陆哲明, 牛夏牧. 2004. 数字水印技术及应用. 北京: 科学出版社

王超, 王伟, 王泉, 等. 2009. 一种空间域矢量地图数据盲水印算法. 武汉大学学报(信息科学版), 34(2): 163-165.

王奇胜. 2008. 基于DFT的矢量地理空间数据数字水印技术研究. 硕士, 解放军信息工程大学.

王奇胜. 2012. 矢量地理数据数字水印算法及其应用研究. 解放军信息工程大学博士学位论文.

王奇胜, 朱长青. 2012. 一种用于精确认证的矢量地理数据脆弱水印算法. 测绘科学技术学报, 29(3): 218-221+225.

王奇胜, 朱长青, 许德合. 2011. 利用 DFT 相位的矢量地理空间数据水印方法. 武汉大学学报(信息科学版), 36(5): 523-526.

王奇胜, 朱长青, 符浩军. 2013. 利用数据点定位的矢量地理数据数字水印算法. 测绘学报, 42(2): 310-316.

王勋, 林海, 鲍虎军. 2004. 一种鲁棒的矢量地图数字水印算法. 计算机辅助设计与图形学学报, 16(10): 1377-1381.

王志伟. 2011. DEM 数字水印模型与算法研究. 解放军信息工程大学博士学位论文.

吴柏燕. 2010. 空间数据水印技术的研究与开发. 武汉大学博士学位论文.

吴柏燕, 李朝奎, 王伟, 等. 2011. 一种面向地图对象的矢量地图数字水印方法. 地理信息世界, 9(2): 45-52.

吴柏燕, 李朝奎, 王伟. 2014. 顾及曲线形状的矢量地图数据水印模型. 计算机工程与应用, 50(1): 74-77.

武丹, 汪国昭. 2009. 基于差分扩张和平移的 2D 矢量地图的可逆水印. 光电子·激光, (7): 934-937.

许德合. 2008. 基于 DFT 的矢量地理空间数据数字水印模型研究. 解放军信息工程大学博士学位论文.

许德合, 朱长青, 王奇胜. 2007. 矢量地图数字水印技术的研究现状和展望. 地理信息世界, 5(6): 42-48.

许德合, 朱长青, 王奇胜. 2008. 矢量地理空间数据数字水印技术综述. 2007北京地区高校研究生学术交流会通信与信息技术会议.

许德合, 朱长青, 王奇胜. 2010. 利用 QIM 的 DFT 矢量空间数据盲水印模型. 武汉大学学报(信息科学版), 35(9): 1100-1103.

许德合, 朱长青, 王奇胜. 2011. 利用 DFT 幅度和相位构建矢量空间数据水印模型. 北京邮电大学学报, 34(5): 25-28.

许文丽, 王命宇, 马君. 2013. 数字水印技术及应用. 北京: 电子工业出版社.

杨成松. 2011. 矢量地理数据数字水印模型与算法研究. 解放军信息工程大学博士学位论文.

杨成松, 朱长青. 2007. 基于小波变换的矢量地理空间数据数字水印算法. 测绘科学技术学报, (1): 37-39.

杨成松, 朱长青. 2011. 基于常函数的抗几何变换的矢量地理数据水印算法. 测绘学报, 40(2): 256-261.

杨成松, 朱长青, 陶大欣. 2010. 基于坐标映射的矢量地理数据全盲水印算法. 中国图象图形学报, 15(4): 684-688.

杨成松, 朱长青, 王莹莹. 2011. 矢量地理数据自检测水印算法及其应用研究. 武汉大学学报(信息科学版), 36(12): 1402-1405.

杨启和. 1990. 地图投影变换原理与方法. 北京: 中国人民解放军出版社.

杨义先, 钮心忻. 2006. 数字水印理论与技术. 北京: 高等教育出版社.

曾端阳, 闫浩文, 牛莉婷, 等. 2013. 矢量地图的一种非盲数字水印算法. 兰州交通大学学报 32(4): 176-180.

张驰, 李安波, 闾国年, 等. 2013. 以夹角调制的矢量地图可逆水印算法. 地球信息科学学报, 15(2): 180-186.

张海涛, 李兆平, 孙乐兵. 2004. 地理信息水印系统的开发. 测绘科学, (s1): 146-148.

张鸿生, 李岩, 曹阳. 2009. 一种采用曲线分割的矢量图水印算法. 中国图象图形学报, 14(8): 1516-1522.

张琴, 向辉, 孟祥旭. 2005. 基于复数小波域的图形水印方法. 中国图象图形学报, 10(4): 494-498.

张佐理. 2010. 一种抗压缩的矢量地图水印算法. 计算机工程, 36(20): 137-139.

张佐理, 孙树森, 汪亚明, 等. 2009. 二维矢量数字地图的零水印算法. 计算机工程与设计, 30(6): 1473-1475.

张佐理, 夏守行, 郑胜峰, 等. 2013. 基于点模式匹配的矢量地图水印算法. 计算机应用与软件, 30(2): 292-295.

赵林. 2009. 基于 DFT 自适应矢量地图水印算法的研究. 哈尔滨工程大学硕士学位论文.

赵煜磊. 2009. 二维矢量图形数字水印技术研究与设计. 哈尔滨工业大学硕士学位论文.

钟尚平. 2005. 双重嵌入 MQUAD 水印算法分析与改进. 北京: 全国虚拟现实与可视化技术及应用会议.

周旭. 2008. 图形图象中数字水印若干技术的研究. 浙江大学博士学位论文.

周旭, 毕笃彦. 2004. 基于中国剩余定理的GIS数字水印算法. 中国图象图形学报, 9(5): 101-105.

朱俊丰, 邓仕虎, 徐文卓. 2011. 多种算法融合的高鲁棒性矢量地图数据水印技术研究. 测绘科学, 36(2): 130-131.

朱岩. 2005. 数字指纹及其在多媒体版权保护中的应用研究. 哈尔滨工程大学博士学位论文.

朱长青. 2009. 数字水印: 保障地理空间数据安全的前沿技术. 中国测绘报: (2)2016: 2033: 2000.

朱长青. 2014. 地理空间数据数字水印理论与方法. 北京: 科学出版社.

朱长青, 杨成松, 李中原. 2006. 一种抗数据压缩的矢量地图数据数字水印算法. 测绘科学技术学报, 23(4): 281-283.

朱长青, 杨成松, 任娜. 2010. 论数字水印技术在地理空间数据安全中的应用. 测绘通报, (10): 1-3.

Bazin C, Bars J M L, Madelaine J. 2007. A blind, fast and robust method for geographical data watermarking. Proceedings of the 2nd ACM symposium on Information, computer and communications security, ACM.

Cao L J. Men C G, Ji R R. 2015. High-capacity reversible watermarking scheme of 2D-vector data. Signal Image and Video Processing, 9(6): 1387-1394.

Chang H J, Jang B J, Lee S H, et al. 2009. 3D GIS vector map watermarking using geometric distribution. 2009 Ieee International Conference on Multimedia and Expo.

Douglas D H, Peucker T K. 1973. Algorithms for the reduction of the number of points required to represent a digitized line or its caricature. Cartographica: The International Journal for Geographic Information and Geovisualization, 10(2): 112-122.

Giannoula A, Nikolaidis N. , Pitas I. 2002. Watermarking of sets of polygonal lines using fusion techniques. 2002 IEEE International Conference on Multimedia and Expo.

Gou H, Wu M. 2005. Data hiding in curves with application to fingerprinting maps. IEEE Transactions on Signal Processing, 53(10): 3988-4005.

Han J, Kamber M, Pei J. 2011. Data mining: Concepts and techniques: Concepts and techniques, Elsevier.

Jang B J, Lee S H, Kwon K R. 2014. Perceptual encryption with compression for secure vector map data processing. Digital Signal Processing, 25(1): 224-243.

Kang H I, Kim K I, Choi J U. 2001. A vector watermarking using the generalized square mask.

International Conference on Information Technology: Coding and Computing.

Kim J. 2010. Robust Vector Digital Watermarking Using Angles and a Random Table. AISS 2(4): 79-90.

Kitamura I, Kanai S, Kishinami T. 2000. Digital watermarking method for vector map based on wavelet transform. Proc. of the Geographic Information Systems Association 9: 417-421.

Kitamura I, Kanai S, Kishinami T. 2001. Copyright protection of vector map using digital watermarking method based on discrete Fourier transform. IEEE International Geoscience and Remote Sensing Symposium.

Lafaye J, Béguec J, Gross-Amblard D, et al. 2012. Blind and squaring-resistant watermarking of vectorial building layers. Geoinformatica, 16(2): 245-279.

Lee S H, Kwon K R. 2011. VRML animated model watermarking scheme using geometry and interpolator nodes. Computer-Aided Design , 43(8): 1056-1073.

Lee S H, Kwon K R. 2013. Vector watermarking scheme for GIS vector map management. Multimedia tools and applications, 63(3): 757-790.

Lee S H, Kwon S G, Kwon K R. 2013. Robust hashing of vector data using generalized curvatures of polyline. Ieice Transactions on Information and Systems, 96(5): 1105-1114.

Lee S H, Hwang W J, Kwon K R. 2014. Polyline curvatures based robust vector data hashing. Multimedia Tools and Applications, 73(3): 1913-1942.

Li A B, Li S S, Lv G N. 2012. Disguise and reduction methods of GIS vector data based on difference expansion principle. Procedia Engineering, 29: 1344-1350.

Li S S, Zhou W, Li A B. 2012. Image watermark similarity calculation of GIS vector data. Procedia Engineering, 29: 1331-1337.

Li Y, Xu L. 2003. A blind watermarking of vector graphics images. International Conference on Computational Intelligence and Multimedia Applications.

Liu S, Ma T L. 2013. Linear data relocation and reconstruction algorithm for vector map//Zhang Z. Proceedings of the International Conference on Information Engineering and Applications. London: Springer.

Men C G, Sun J G, Cao L J. 2009. Information hiding scheme for vector maps based on fingerprint certification. Journal of Harbin Institute of Technology, 16(6): 766-770.

Min L Q, Zhu X Z, Li Q. 2012. A robust blind watermarking of vector map//Zhang TB. Instrumentation, Measurement, Circuits and Systems. Berlin: Springer.

Mouhamed M R, Rashad A R, Hassanien A E. 2012. Blind 2D vector data watermarking approach using random table and polar coordinates. 2012 2nd International Conference on Uncertainty Reasoning and Knowledge Engineering.

Muttoo S K, Kumar V. 2012. Watermarking digital vector map using graph theoretic approach. Annals of GIS, 18(2): 135-146.

Neyman S N, Sitohang B, Sutisna S. 2013. Reversible Fragile Watermarking based on Difference Expansion Using Manhattan Distances for 2D Vector Map. Procedia Technology, 11: 614-620.

Niu X M, Shao C Y, Wang X T. 2006. A survey of digital vector map watermarking. International

Journal of Innovative Computing, Information and Control , 2(6): 1301-1316.

Ohbuchi R, Ueda H, Endoh S. 2002. Robust watermarking of vector digital maps. 2002 IEEE International Conference on Multimedia and Expo.

Ohbuchi R, Ueda H, Endoh S. 2003. Watermarking 2D vector maps in the mesh-spectral domain. Shape Modeling International.

Pareek N K, Patidar V, Sud K K. 2006. Image encryption using chaotic logistic map. Image and Vision Computing, 24(9): 926-934.

Park K T, Kim K I, Kang H I, et al. 2002. Digital geographical map watermarking using polyline interpolation. IEEE Pacific-Rim Conference on Multimedia: Advances in Multimedia Information Processing.

Peng Z, Yue M, Wu X, et al. 2015. Blind watermarking scheme for polylines in vector geo-spatial data. Multimedia Tools and Applications, 74(24)11721-11739.

Sakamoto, M. , Y. Matsuura, Y. Takashima. 2000. A scheme of digital watermarking for geographical map data. Symposium on cryptography and information security, Okinawa, Japan.

Schulz G, Voigt M. 2004. A high capacity watermarking system for digital maps Proceedings of the 2004 workshop on Multimedia and security, ACM.

Solachidis V, Pitas I. 2004. Watermarking polygonal lines using Fourier descriptors. IEEE Computer Graphics and Applications, 24(3): 44-51.

Solachidis V, Nikolaidis N, Pitas I. 2000. Fourier descriptors watermarking of vector graphics images. International Conference on Image Processing.

Suk hwan L, Seong geun K, Ki ryong K. 2013. Robust hashing of vector data using generalized curvatures of polyline. Ieice Transactions on Information and Systems, 96(5): 1105-1114.

Tirkel A Z, Rankin G A, Van Schyndel R, et al. 1993. Electronic watermark. Digital Image Computing, Technology and Applications.

Van Schyndel R G, Tirkel A Z, Osborne C F. 1994. A digital watermark. Proceedings of the IEEE International Conference, on Image Processing.

Voigt M, Busch C. 2002. Watermarking 2D-vector data for geographical information systems. Electronic Imaging 2002, International Society for Optics and Photonics.

Voigt M, Busch C. 2003. Feature-based watermarking of 2D vector data. Electronic Imaging 2003, International Society for Optics and Photonics.

Voigt M, Yang B, Busch C. 2004. Reversible watermarking of 2D-vector data. Proceedings of the 2004 workshop on Multimedia and security, ACM.

Wang C, Zhang L, Liang B, et al. 2011. Watermarking vector maps based on minimum encasing rectangle. 2011 International Conference on Intelligent Computation Technology and Automation.

Wang C, Peng Z, Peng Y, et al. 2012. Watermarking geographical data on spatial topological relations. Multimedia Tools and Applications, 57(1): 67-89.

Wang C J, Zhao Q Z, Zhong F R. 2010. A shape-preserving and robust watermarking algorithm for vector maps. 2010 International Conference on Computational and Information Sciences.

Wang N N, Men C G. 2013. Reversible fragile watermarking for locating tampered blocks in 2D vector maps. Multimedia Tools and Applications, 67(3): 709-739.

Wang X T, Shao C Y, Xu X G, et al. 2007. Reversible data-hiding scheme for 2-D vector maps based on difference expansion. IEEE Transactions on Information Forensics and Security, 2(3): 311-320.

Wu B Y, Wang W, Peng Z Y, et al, 2010. Design and implementation of spatial data watermarking service system. Geo-spatial Information Science , 13(1): 40-48.

Yan H W, Li J. 2011. Blind watermarking technique for topographic map data. Applied Geomatics, 4(4): 225-229.

Yan H W, Li J, Wen H. 2011. A key points-based blind watermarking approach for vector geo-spatial data. Computers, Environment and Urban Systems, 35(6): 485-492.

Zhang L, Yan D, Jiang S J, et al. 2010. A new robust watermarking algorithm for vector data. Wuhan University Journal of Natural Sciences , 15(5): 403-407.

Zhang Z L, Wang Y M, Sun S S. 2009. An anti-compression watermarking scheme for vector map based on improved douglas-peucker algorithm. 2009 First International Workshop on Education Technology and Computer Science.

Zheng L B, Li Y L, Feng L P, et al. 2010. Research and implementation of fragile watermark for vector graphics. Computer Engineering and Technology. ICCET), 2010 2nd International Conference on, IEEE.